建筑工程CAD

主　编　李　益　欧长贵　董素芹
副主编　潘　娟　曹艺凡　廖　丽
　　　　钱正安　王华山　赵文渲
参　编　王子亮
主　审　张子竞

北京理工大学出版社
BEIJING INSTITUTE OF TECHNOLOGY PRESS

内 容 提 要

本书从基本概念和基本操作入手，通过具体实例，由浅入深、循序渐进地介绍AutoCAD 2020版的绘图功能、操作方法及建筑工程图样的绘制技巧。全书共8章，主要包括建筑施工图及AutoCAD 2020概述、常见建筑图案绘制、建筑配景绘制、建筑平面施工图绘制、建筑立面图绘制、装饰剖面施工图绘制、建筑及室内透视图绘制、三维绘图。

本书适合作为高等院校建筑类专业教材，也可供建筑类工程技术人员参考。

图书在版编目（CIP）数据

建筑工程CAD / 李益，欧长贵，董素芹主编.--北京：北京理工大学出版社，2022.7
ISBN 978-7-5763-0790-0

Ⅰ.①建… Ⅱ.①李… ②欧… ③董… Ⅲ①建筑设计-计算机辅助设计-AutoCAD软件-高等学校-教材
Ⅳ.①TU201.4

中国版本图书馆CIP数据核字（2021）第260959号

出版发行 / 北京理工大学出版社有限责任公司

社　　址 / 北京市海淀区中关村南大街5号

邮　　编 / 100081

电　　话 / （010）68914775（总编室）
　　　　　　（010）82562903（教材售后服务热线）
　　　　　　（010）68944723（其他图书服务热线）

网　　址 / http://www.bitpress.com.cn

经　　销 / 全国各地新华书店

印　　刷 / 北京紫瑞利印刷有限公司

开　　本 / 787毫米×1092毫米　1/16

印　　张 / 14.5

插　　页 / 4　　　　　　　　　　　　　　　　　　　　责任编辑 / 钟　博

字　　数 / 269千字　　　　　　　　　　　　　　　　　文案编辑 / 钟　博

版　　次 / 2022年7月第1版　2022年7月第1次印刷　　责任校对 / 周瑞红

定　　价 / 89.00元　　　　　　　　　　　　　　　　　责任印制 / 边心超

　　CAD技术集计算机技术、图形学、工程分析、模拟仿真、数据库、网络等多种技术于一体，而AutoCAD是目前国内外使用最广泛的计算机绘图软件之一，它因丰富的绘图方法、强大的编辑功能和良好的用户界面而深受广大用户的欢迎。

　　本书以AutoCAD 2020软件为载体，以建筑工程实际操作为重点，介绍建筑设计技术、建筑工程技术、建筑装饰工程技术、城镇规划和园林景观工程等专业中计算机辅助设计与计算机绘图的方法和实际操作，具体阐述运用AutoCAD 2020的基本绘图、图形编辑、文字标注、图层管理、尺寸标注、图案、图块、形等命令绘制建筑类专业设计及施工图纸的方法，包括建筑设计、建筑公共装饰和室内装饰工程图纸的计算机绘图方法。全书用大量的实例说明计算机绘制建筑类工程图纸的基本方法和基本技巧，以培养学生的计算机绘图技能。

　　全书分为8章，包括建筑施工图及AutoCAD 2020概述、常见建筑图案绘制、建筑配景绘制、建筑平面施工图绘制、建筑立面图绘制、装饰剖面施工图绘制、建筑及室内透视图绘制、三维绘图。在内容方面，本书不仅紧扣专业，而且在不同院校教学团队交流和总结的基础上，改进和完善了具体内容和实例，介绍了新版知识。在教学时间和方法方面，本书重在应用，建议学时为64学时（课内讲授32学时、课内实训32学时），课程集中实训1周。课内讲授必须用AutoCAD 2020软件（或AutoCAD相关版本）现场演示教学，学生绘图实训及设计的图纸不少于15张。

　　本书由重庆建筑科技职业学院李益、湖南有色金属职业技术学院欧长贵、内蒙古农业大学职业技术学院董素芹担任主编，重庆建筑科技职业学院潘娟、曹艺凡、六盘水职业技术学院廖丽、黔东南民族职业技术学院钱正安、山东招标股份有限公司王华山、山东产权交易集团赵文渲担任副主编，内蒙古农业大学职业技术学院王子亮参与编写。全书由重庆建筑科技职业学院张子竞主审。

由于编者水平有限，书中难免存在错误与疏漏，敬请读者批评指正。

编　者

目　录

第 1 章 建筑施工图及 AutoCAD 2020 概述

知识目标

1. 熟悉建筑总平面图、平面图、立面图、剖面图、大样图、门窗表等的内容。
2. 了解 AutoCAD 2020 软件安装及卸载、启动及软件界面；熟悉 AutoCAD 2020 软件基本操作。
3. 熟悉绘图前的准备知识。

技能目标

1. 能熟读建筑总平面图、平面图、立面图、剖面图的内容。
2. 能安装及卸载 AutoCAD 2020 软件。

素质目标

1. 具有分析问题、解决问题的能力。
2. 会查阅相关资料、整理资料。
3. 具有良好的团队合作、沟通交流和语言表达能力。
4. 具有吃苦耐劳、爱岗敬业的职业精神。

一套完整的施工图一般包括建筑施工图、结构施工图、设备施工图(给水排水、采暖通风及电气施工图的统称)等专业图纸。在建筑行业中，建筑施工图的地位格外重要。

计算机绘图就是借助计算机来绘制图形，将设计师的设计意图表现出来。相对于手工绘图，计算机绘图是一种高效率、高质量的绘图手段。

本章主要介绍建筑施工图的组成及 AutoCAD 2020 软件的一些基础性知识。

1.1 建筑施工图概述

建筑施工图是工作人员现场施工的依据，具有图纸齐全、表达准确、要求具体的特点。其主要由图纸目录、门窗表、建筑设计总说明、建筑总平面图、各层平面图、不同方向立面图、剖面图(视情况，可以有多个)、节点大样图及门窗大样图、楼梯大样图(视功能可能有多个楼梯及电梯)等部分组成。

1.1.1 建筑总平面图

用水平投影法和相应的图例，在画有等高线或加上坐标方格网的地形图上，画出新建、拟建、原有和拆除的建筑物、构筑物的图样称为总平面图。建筑总平面图是新建房屋定位、施工放线、布置施工现场的依据，常用图例见表1.1，内容如下：

(1)新建建筑物：用粗实线框表示，并在线框内用数字表示建筑层数。

(2)新建建筑物的定位：在总平面图中，通常利用原有建筑物、道路等来确定新建建筑物的位置。

(3)新建建筑物的室内外标高：在总平面图中，用绝对标高表示高度，单位为m。

我国把以青岛市外的黄海海平面作为零点所测定的高度尺寸，称为绝对标高。

(4)相邻有关建筑、拆除建筑的位置或范围：原有建筑用细实线框表示，并在线框内也用数字表示建筑层数；拟建建筑物用虚线表示；拆除建筑物用细实线表示，并在其细实线上打叉。

(5)附近的地形地物：包括等高线、道路、水沟、河流、池塘、土坡等。

(6)指北针或风向频率玫瑰图。

(7)绿化规划、管道布置。

(8)道路(或铁路)和明沟等：标明起点、变坡点、转折点、终点的标高与坡向箭头。

以上内容并不是在所有总平面图上都是必需的，视具体情况加以选择(见附图1)。

表1.1　建筑总平面图部分常用图例

序号	名称	图例	备注
1	新建建筑物		新建建筑物以粗实线表示与室外地坪相接处±0.00外墙定位轮廓线。 建筑物一般以±0.00高度处的外墙定位轴线交叉点坐标定位。轴线用细实线表示，并标明轴线号。 根据不同设计阶段标注建筑编号，地上、地下层数，建筑高度，建筑出入口位置(两种表示方法均可，但同一图纸采用一种表示方法)。 地下建筑物以粗虚线表示其轮廓。 建筑上部(±0.00以上)外挑建筑用细实线表示。 建筑物上部连廊用细虚线表示并标注位置
2	原有建筑物		用细实线表示
3	计划扩建的预留地或建筑物		用中粗虚线表示
4	拆除的建筑物		用细实线表示
5	建筑物下面的通道		—

序号	名称	图例	备注
6	散状材料露天堆场	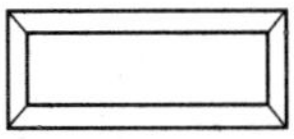	需要时可注明材料名称
7	其他材料露天堆场或露天作业场	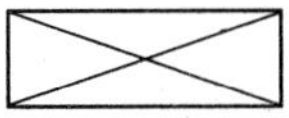	需要时可注明材料名称
8	铺砌场地	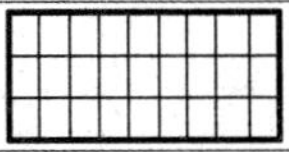	—
9	敞棚或敞廊	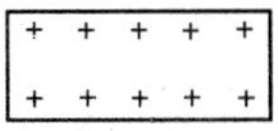	—
10	高架式料仓	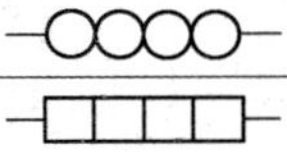	—
11	漏斗式贮仓		左、右图为底卸式; 中图为侧卸式
12	冷却塔(池)	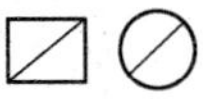	应注明冷却塔或冷却池
13	水塔、贮罐	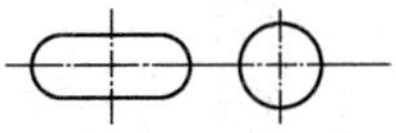	左图为卧式贮罐; 右图为水塔或立式贮罐
14	水池、坑槽		也可以不涂黑
15	明溜矿槽(井)	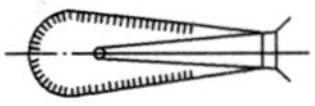	—
16	斜井	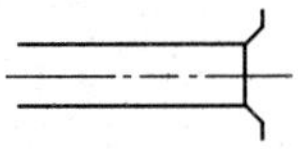	—
17	烟囱	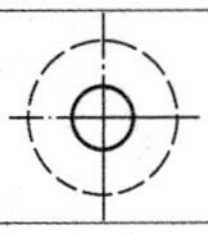	实线为烟囱下部直径,虚线为基础,必要时可注写烟囱高度和上、下口直径
18	围墙及大门	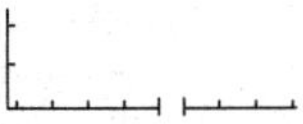	—
19	挡土墙	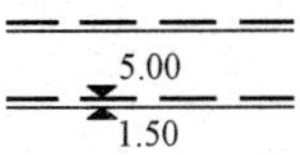 5.00 1.50	挡土墙根据不同设计阶段的需要标注: 墙顶标高 墙底标高
20	挡土墙上设围墙		—
21	台阶及无障碍坡道	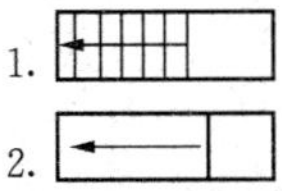 1. 2.	1. 表示台阶(级数仅为示意); 2. 表示无障碍坡道
22	露天桥式起重机	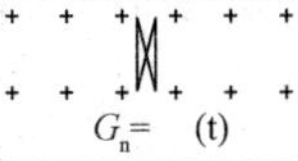 $G_n=$ (t)	起重机起重量 G_n,以吨计算; "+"为柱子位置
23	露天电动葫芦	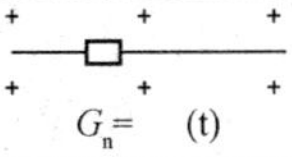 $G_n=$ (t)	起重机起重量 G_n,以吨计算; "+"为支架位置

序号	名称	图例	备注
24	门式起重机	$G_n=$ (t) $G_n=$ (t)	起重机起重量 G_n，以吨计算； 上图表示有外伸臂； 下图表示无外伸臂
25	架空索道	I ———— I	"I"为支架位置
26	斜坡卷扬机道	—++++++—	—
27	斜坡栈桥 （皮带廊等）		细实线表示支架中心线位置
28	坐标	1. $\dfrac{X=105.00}{Y=425.00}$ 2. $\dfrac{A=105.00}{B=425.00}$	1. 表示地形测量坐标系； 2. 表示自设坐标系。 坐标数字平行于建筑标注
29	方格网 交叉点标高	-0.50 | $\dfrac{77.85}{78.35}$	"78.35"为原地面标高； "77.85"为设计标高； "−0.50"为施工高度； "−"表示挖方（"+"表示填方）
30	填方区、 挖方区、 未整平区 及零线	+ / − + / −	"+"表示填方区； "−"表示挖方区； 中间为未整平区； 点画线为零点线
31	填挖边坡		—
32	分水脊线 与谷线	—·—◄—·— —·—◄—·—	上图表示脊线； 下图表示谷线
33	洪水淹没线	————————	洪水最高水位以文字标注
34	地表 排水方向		—
35	截水沟	$\overline{40.00}$	"1"表示1%的沟底纵向坡度，"40.00"表示变坡点间距离，箭头表示水流方向
36	排水明沟	$\dfrac{107.50}{+\ \dfrac{1}{40.00}}$ $\dfrac{107.50}{+\ \dfrac{1}{40.00}}$	上图用于比例较大的图面； 下图用于比例较小的图面。 "1"表示1%的沟底纵向坡度，"40.00"表示变坡点间距离，箭头表示水流方向。 "107.50"表示沟底变坡点标高（变坡点以"+"表示）

序号	名称	图例	备注
37	有盖板的排水沟		—
38	雨水口	1. 2. 3.	1. 雨水口; 2. 原有雨水口; 3. 双落式雨水口
39	消火栓井		—
40	急流槽		箭头表示水流方向
41	跌水		
42	拦水(闸)坝		—
43	透水路堤		边坡较长时,可在一端或两端局部表示
44	过水路面		—
45	室内地坪标高	151.00 (±0.00)	数字平行于建筑物书写
46	室外地坪标高	143.00	室外标高也可采用等高线
47	盲道		—
48	地下车库入口		机动车停车场
49	地面露天停车场		—
50	露天机械停车场		露天机械停车场

1.1.2 建筑平面图

建筑平面图简称平面图,是建筑物各层的水平剖切图。它既表示建筑物在水平方向各部分之间的组合关系,又反映各建筑空间与围合它们的垂直构件之间的关系。其主要信息就是柱网布置及每层房间的功能、墙体位置、门窗位置、楼梯位置等(见附图2~附图4)。

1.1.3 建筑立面图

建筑立面图简称立面图,是在与房屋立面平行的投影面上所做的房屋正投影图。它是对建筑立面的描述,反映房屋的外貌和立面装修的做法。其主要包括室外地面线、门窗等主要构件及其他装饰构件的标高与定位尺寸、层高、立面装饰材料等信息(见附图 5、附图 6)。

1.1.4 建筑剖面图

建筑剖面图简称剖面图,是用一个或多个垂直于外墙轴线的铅垂剖切面,将房屋剖开所得的投影图。剖面图的作用是表述建筑物内部的结构或构造形式、分层情况和各部位的联系、材料及其高度等(见附图 7)。

1.1.5 大样图

大样图是针对某一特定区域(如形状特殊或连接较复杂的节点或部位)进行放大显示,以较详细地表示出该区域(见附图 2~附图 4)。

大样图可以清晰地表述建筑物的各部分做法,以便施工人员准确施工,避免发生错误。

1.1.6 门窗表

门窗表内容包括门窗编号、门窗尺寸、做法及数量统计等(见附图 8)。

1.1.7 其他

1. 图纸目录

图纸目录是了解建筑设计整体情况的目录,从其中可以了解图纸数量、出图大小、工程号、建筑单位及整个建筑物的主要功能,如果图纸目录与实际图纸有出入,必须同相关单位核对情况。

2. 建筑设计说明

建筑设计说明还包括工程概况、设计依据、设计构思、详细说明及主要的技术经济指标等内容。

1.2 AutoCAD 2020 概述

1982 年,美国 Autodesk 公司研发的计算机辅助设计软件——AutoCAD,能用于二维绘图、详细绘制、设计文档和基本三维设计。经过不断完善,AutoCAD 现已经成为国际上广为流行的绘图工具。具有完善的图形绘制功能、强大的图形编辑功能、可采用多种方式进行二次开发或用户定制、可进行多种图形格式的转换,具有较强的数据交换能力,同时,支持多种硬件设备和操作平台。AutoCAD 已经在航空航天、造船、建筑、机械、电子、化工、美工、轻纺等很多领域得到了广泛应用,并取得了丰硕的成果和巨大的经济、社会效益。

1.2.1 AutoCAD 2020 软件简介

AutoCAD 2020 是美国 Autodesk 公司推出的新版本,该版本与 AutoCAD 2018 版的 DWG 文件及应用程序兼容,拥有很好的整合性。

1.2.2 AutoCAD 2020 安装及卸载

1. AutoCAD 2020 安装

AutoCAD 2020 版采用了智能安装引擎，在合适的安装环境下，只需要在安装向导的提示下，选择适当的安装方法，便可以轻松地完成 AutoCAD 2020 的安装。在单机上安装 AutoCAD 2020 的具体步骤如下：

（1）在存储 AutoCAD 2020 的文件夹中，选择 Setup 图标 setup，启动安装 AutoCAD 2020。在等待安装初始化（图 1.1）后，进入"安装"面板（图 1.2）。

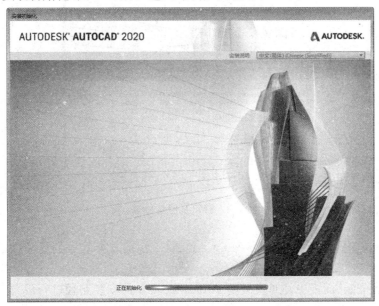

图 1.1 安装初始化

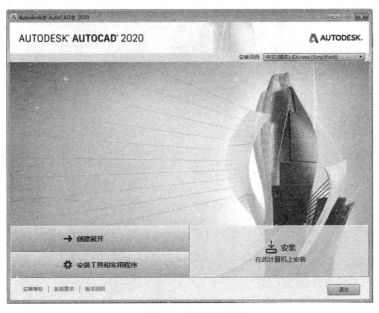

图 1.2 "安装"面板

（2）检查 Autodesk 软件许可协议。要完成安装，必须接受该协议。如接受，则选择"我接受"单选按钮，然后单击"下一步"按钮（图 1.3）。

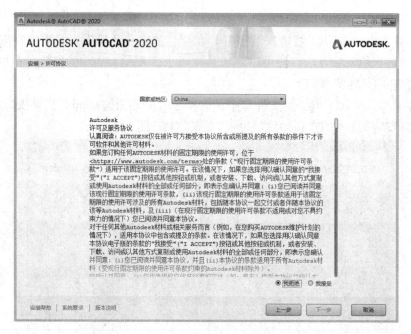

图 1.3　许可及服务协议

（3）在"产品信息"面板中，输入 AutoCAD 2020 包装盒上的序列号和产品密匙，单击"下一步"按钮。

（4）在"配置安装"面板中，对安装的 Autodesk 产品的安装路径进行设置后单击"安装"按钮（图 1.4）。

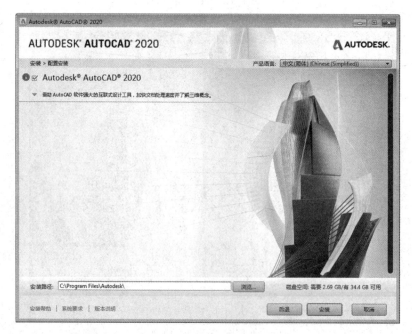

图 1.4　"配置安装"面板

（5）在"安装进度"面板中，会显示相应 Autodesk 产品的安装进度（图 1.5）。

图 1.5 "安装进度"面板

（6）安装完成后，弹出"安装完成"对话框（图 1.6）。当单击"立即启动"按钮后，软件将被打开。

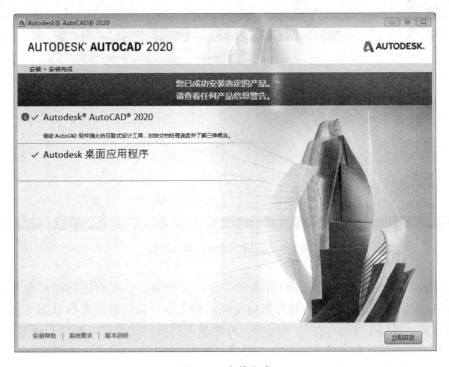

图 1.6 安装完成

2. AutoCAD 2020 卸载

如果需要卸载 AutoCAD 2020 软件，通常有以下两种方式：

(1)在"控制面板"中选择"添加/删除程序"，打开"添加/删除程序"对话框，然后打开"安装/删除安装"选项卡。在选项卡中选择"AutoCAD 2020"→"添加/删除"选项，即可卸载 AutoCAD 2020。

(2)利用 AutoCAD 2020 安装软件，单击"卸载"按钮，进行卸载。

1.2.3　AutoCAD 2020 启动及软件界面

1. AutoCAD 2020 启动

(1)如果电脑桌面上有 AutoCAD 2020 的图标，可以双击鼠标左键或单击鼠标右键选择"打开"，即可运行 AutoCAD 2020 软件。

(2)如果电脑桌面上没有图标，可以执行"开始"→"所有程序"→"Autodesk"→"AutoCAD 2020"命令，也可以运行 AutoCAD 2020 软件。

(3)双击任意 AutoCAD 2020 图形文件，打开图形文件的同时也打开了 AutoCAD 2020 软件。

2. AutoCAD 2020 软件界面

启动 AutoCAD 2020 应用程序后，进入其工作界面(图1.7)。该工作界面由绘图区、菜单栏、工具栏、命令窗口、状态栏等组成。

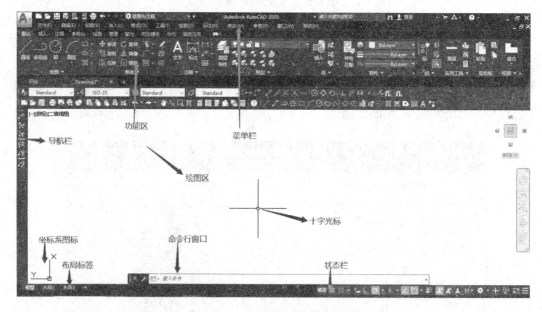

图 1.7　AutoCAD 2020 软件界面

(1)绘图区。绘图区是 AutoCAD 界面的主要工作空间，是用户进行图形绘制的场所。AutoCAD 在绘图区提供了模型空间与布局空间两种工作环境。系统默认状态为模型空间，用户在该模式下可以按实际尺寸绘制图形。若切换到图纸空间模式，则用户可将模型空间中的图形按不同缩放比例布置在图纸上。另外，AutoCAD 2020 绘图区还包括以下内容：

1)视口控件(VPCONTROL)。显示在每个视口的左上角，提供更改视图、视觉样式和其他设置的便捷方式。

VPCONTROL 命令可以控制是否显示位于每个视口左上角的视口工具、视图和视觉样式的菜单。关(或 ON)，隐藏视口控件；开(或 OFF)，显示视口控件。

2)ViewCube 工具(NAVVCUBE)。位于视口的右上角，是一种方便的工具，用来控制三维视图的方向。此工具可用于大多数 Autodesk 产品，当用户在产品之间切换时，它为用户提供一致的体验。

NAVVCUBE 命令可以控制是否显示和设置 ViewCube 工具。关(或 ON)，隐藏该工具；开(或 OFF)，显示该工具。

3)十字光标。在绘图区标识拾取点和绘图点。十字光标由定点设备控制，可以使用十字光标定位点、选择和绘制对象。

4)UCS 图标(UCSICON)。用于显示图形方向。AutoCAD 图形是在不可见的栅格或坐标系中绘制的，查看 UCS 图标可以了解 UCS 的位置和方向，并使用坐标系。

UCSICON 命令可以控制用户坐标系图标的显示，控制 UCS 图标的可见性、位置、外观和可选性等。

(2)菜单栏。菜单栏中包含了 AutoCAD 2020 中主要的绘图命令及各种功能选项，单击任意主菜单即可弹出相应的子菜单，选择相应的选项即可执行或启动该命令。AutoCAD 2020 菜单栏有以下三种类型：

1)下拉菜单中，右面有小三角的菜单项，表示还有子菜单。

2)下拉菜单中，右面有省略号的菜单项，表示选择后将显示出一个对话框。

3)选择右边没有内容的菜单项，即表示执行相应的 AutoCAD 命令。

(3)工具栏。工具栏能使用户非常直观、快捷地找到经常使用的命令与功能选项。AutoCAD 大致包括以下三类工具栏：

1)标准类工具栏：包括文件的存取、复制和粘贴、视图定位与显示、视图控制等内容。

2)绘图类工具栏：与绘图相关的各种工具栏，如图形绘制、图形编辑、图形标注等。

3)对象特性类工具栏：显示当前图层状态、图层属性、图层控制等内容。

AutoCAD 提供了 20 多种工具栏，用户可根据绘图需要打开或关闭相应的工具栏，用户可以将打开的工具栏拖放到工作界面中适当的位置。

(4)命令窗口。命令窗口位于工作界面的底部，主要显示当前命令的工作状态，提示用户进行相应命令操作。功能键 F2 可以打开文本窗口，用户可以在此查看操作记录，同时，也可以在该窗口的命令行输入相应命令进行命令操作。

(5)状态栏。状态栏有鼠标指针的坐标，还包括常用的绘图辅助工具，包括"捕捉"(捕捉模式)、"栅格"(图形栅格)、"正交"(正交模式)、"对象捕捉"(对象捕捉)、"对象追踪"(对象捕捉追踪)、"极轴"(极坐标轴捕捉)。另外，AutoCAD 2020 右下角还有常用的应用程序。

AutoCAD 2020 界面还包括标题栏、在线服务功能区和快速访问工具栏等，不再一一介绍。

1.2.4 AutoCAD 2020 基本操作

AutoCAD 软件具有经典的 Windows 操作界面，在软件的打开，文件"新建""保存""打印"及软件的"退出"等方面，同其他软件有类似性。

1. 建立新图形文件

(1)执行方式：

1)工具栏：单击"快速访问"工具栏中的"新建"按钮□。

2)菜单栏：执行菜单栏"文件"→"新建"命令。

3)命令行栏：输入"NEW"。

4)快捷键：Ctrl+N。

(2)功能：建立新的绘图文件，以便开始一个新绘图作业。

2. 打开现有图形

(1)执行方式：

1)工具栏：单击"快速访问"工具栏中的"打开"按钮🗁。

2)菜单栏：执行菜单栏"文件"→"打开"命令。

3)命令行：输入"OPEN"。

4)快捷键：Ctrl+O。

(2)功能：打开现有的 AutoCAD 图形。

3. 保存文件

保存文件的方法中，比较常用的执行方式有快速存盘（QSAVE）和换名存盘（SAVEAS）。采用其中任意一种，AutoCAD 都不会终止绘图。

(1)方式一：快速存盘。

1)执行方式：

①工具栏：单击"快速访问"工具栏中的"保存"按钮🖫。

②菜单栏：执行菜单栏"文件"→"保存"命令。

③命令行：输入"QSAVE"。

④快捷键：Ctrl+S。

2)功能：将现有的 AutoCAD 图形存盘。

(2)方式二：换名存盘。

1)执行方式：

①菜单栏：在菜单栏执行"文件"→"另存为"命令。

②命令行：输入"SAVEAS"。

③快捷键：Ctrl+Shift+S。

2)功能：在弹出的"另存为"对话框中改名，并将现有 AutoCAD 图形以新的名字存盘。

4. 打印文件

(1)执行方式：

1)工具栏：单击"快速访问具栏"中的"打印"按钮🖶。

2)菜单栏：执行菜单栏"文件"→"打印"命令。

3)命令行：输入"PLOT"。

4)快捷键：Ctrl+P。

(2)功能：在弹出的"打印－模型"对话框（图 1.8）中，设置并打印现有的 AutoCAD 图形。

选择好"打印机"名称后，单击"特性"按钮，弹出"绘图仪配置编辑器"对话框（图 1.9），在对话框中对可打印图纸进行设置(图 1.10)。

图 1.8 "打印—模型"对话框

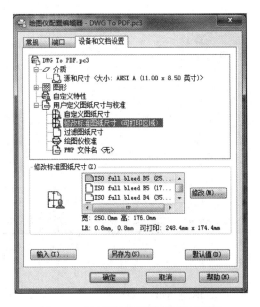

图 1.9 "绘图仪配置编辑器"对话框

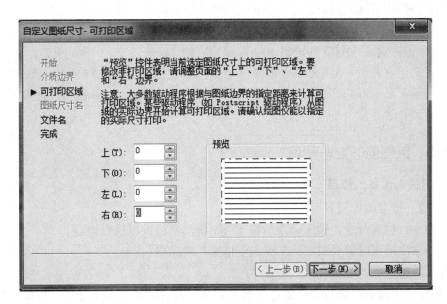

图 1.10 图纸尺寸设置

提示: 在打印的过程中,如果多次打印同样类型的文件,文件"页面设置名称"可以选择"上一次打印",避免重复操作。如果在打印过程中,以后还要用同样的打印方式,可以利用"页面设置"命令操作。

5. 页面设置

(1)执行方式:

菜单栏:执行菜单栏"文件"→"页面设置管理器" **页面设置管理器(G)** 命令。

(2)功能:对操作页面进行设置(图 1.11),设置过程参见打印设置。

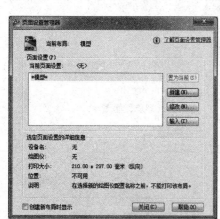
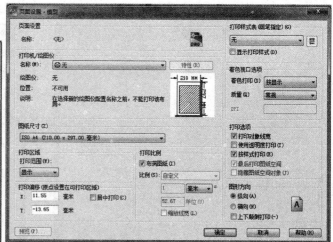

图 1.11 "页面设置管理器"对话框

6. 退出 AutoCAD

AutoCAD 软件同其他 Windows 操作界面软件类似，在界面的右上方有关闭程序图标 ⊠ 和关闭文件的图标 ⊠。除此之外，AutoCAD 软件还有以下退出方式：

（1）菜单栏：执行菜单栏"文件"→"关闭"（关闭现有打开的文件）命令。

（2）命令行：输入"QUIT"（退出 AutoCAD 软件）。

提示：无论是关闭 CAD 文件还是退出软件，如当前图形还没有保存，AutoCAD 会弹出一个对话框，要求用户确定图形文件是否保存。用户选择后，AutoCAD 把当前的图形文件按指定的文件名存盘，然后退出。

1.2.5 绘图前的准备知识

1. 常用输入设备的作用

（1）键盘。键盘的作用有以下几种：

1）在命令行输入命令，输入命令后按 Enter 键或空格键以执行命令。

2）某些命令结束时需要按 Enter 键或空格键，表示确认。

3）键入数据。

（2）鼠标。鼠标的左键是拾取键；右键是确认键，等同于 Enter 键或空格键。另外，滚轮（中键）为快捷键，按下拖动鼠标相当于实时平移；滚动为实时缩放。

2. 坐标系统

当通过键盘输入坐标来绘制图形时，用户即可以采用绝对直角坐标的方式、相对坐标方式、极坐标及相应组合方式输入。下面以 500×300 的矩形（以 $a \rightarrow d$ 的顺序为例），分别介绍。

（1）绝对直角坐标。绝对直角坐标是指当前点相对于坐标原点的坐标值。点坐标的 X、Y 数值使用"逗号"隔开（图 1.12）。

（2）相对直角坐标。相对直角坐标是指当前点相对于前一个点的坐标增量，在绝对坐标前加"@"表示（图 1.13）。

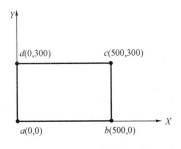

图 1.12　绝对直角坐标

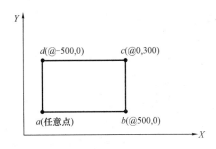

图 1.13　相对直角坐标

(3)绝对极坐标。绝对极坐标用"距离＜角度"表示(图 1.14)。

(4)相对极坐标。相对极坐标用"@距离＜角度"表示(图 1.15)。

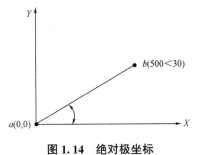

图 1.14　绝对极坐标

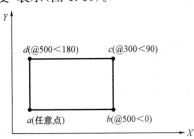

图 1.15　相对极坐标

3. AutoCAD 的绘图方式

(1)用下拉菜单绘图。AutoCAD 提供有"绘图"下拉菜单，利用该菜单可以完成 AutoCAD 的大部分绘图。

(2)利用绘图工具栏绘图。通过 AutoCAD 的绘图工具栏，也可以完成 AutoCAD 的大部分绘图。

(3)利用命令绘图。在命令窗口中的提示行输入绘图命令后按回车键，然后根据提示信息进行绘图。

提示：这三种方式是最常用的 AutoCAD 绘图方法。在实际工作中，要提高工作效率，常常要综合运用这三种形式，方能完成任务。

实训

【实训 1】　熟练操作 AutoCAD 2020 的用户界面。

实训要求：

(1)用三种方式启动 AutoCAD 2020 操作界面。

(2)调整操作界面大小。

(3)设置图形单位。

(4)设置绘图窗口的颜色与光标大小。

(5)打开、移动、关闭工具栏。

(6)退出 AutoCAD 2020 界面。

【实训 2】 设置绘图环境。

实训要求：

(1)在菜单栏中执行"文件"→"新建"命令，系统弹出"选择样板"对话框，单击"打开"按钮，进入绘图界面。

(2)在菜单栏中执行"格式"→"图形界限"命令，在弹出的对话框中设置界限为"(0，0)，(297，210)"，在命令行中可以重新设置模型空间界限。

(3)在菜单栏中执行"格式"→"单位"命令，系统弹出"图形单位"对话框。设置长度类型为"小数"，精度为0；角度类型为"十进制度数"，精度为0；用于缩放插入内容的单位为"毫米"，用于指定光源卡强度的单位为"国际"；角度方向为"顺时针"。

(4)在菜单栏中执行"工具"→"工作空间"→"草图与注释"命令，进入工作空间。

本章小结

AutoCAD 是由美国 Autodesk 公司开发的计算机辅助绘图和设计软件，其具有入门简单、使用方便、功能强大、可二次开发等诸多优点，深受广大工程技术人员的热爱。本章主要介绍了 AutoCAD 2020 的安装及卸载、启动和退出、基本操作等内容。

思考与练习

1. 建筑施工图大体由哪几部分组成？

2. 建筑总平面图内容包括哪些？

3. 简述 AutoCAD 2020 的安装及卸载过程。

4. 如何建立新图形文件？

5. 常用输入设备键盘和鼠标的作用有哪些？

6. 当通过键盘输入坐标来绘制图形时通常采用哪些坐标方式？

第2章 常见建筑图案绘制

1. 掌握点、线命令的执行方式；了解各个命令的功能。
2. 掌握圆、圆弧、圆环、椭圆及椭圆弧各个命令的执行方式；了解各命令的功能。
3. 掌握矩形、正多边形等命令的执行方式。

技能目标

1. 能绘制点、直线、构造线、多线、样条曲线、射线等。
2. 能绘制圆、圆弧、圆环、椭圆及椭圆弧。
3. 能绘制矩形、正多边形、实体等。

素质目标

1. 能独立制订学习计划，并按计划实施学习和撰写学习体会。
2. 积极参与实践工作，勤思考，多动手。
3. 聆听指令，倾听他人讲话，倾听不同的观点。

本章从绘制常见建筑图案出发，介绍应用 AutoCAD 2020 绘图的基本方法和技巧。重点介绍用各类基本绘图命令绘制常见建筑图案的基本方法和技巧。

2.1 点、线类绘图命令

AutoCAD 2020 的绘图是通过绘图命令来实现的，利用不同的命令来绘制不同的图形。

2.1.1 点类命令及应用

1."点"命令

(1)执行方式：

1)工具栏：单击"绘图"工具栏中的■按钮。

2)菜单栏：执行菜单栏"绘图"→"点"命令。

3)命令行：输入"POINT"(PO)。

(2)功能：绘制二维或三维点。

2.“定数等分”命令

（1）执行方式：

1）菜单栏：执行菜单栏"绘图"→"点"→"定数等分"

定数等分(D)命令。

2）命令行：输入"DIVIDE"（DIV）。

（2）功能：可以将选定的对象均分为设定等分。

提示：为了便于观察，通常在绘制点前要设置点的样式，也就是点的表现形式。执行菜单栏"格式"→"点样式"

点样式(P)命令，将弹出一个"点式样"对话框，可在对话框中选择点的样式（图2.1）。点的式样设定后，绘制好的点将以"点样式"对话框中选定的样式表现出来。

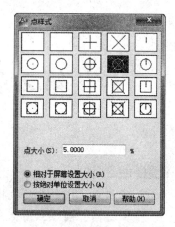

图2.1 "点样式"对话框

【例2.1】 五角星的绘制，效果如图2.2所示。

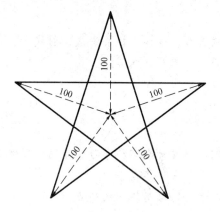

图2.2 五角星

【绘制思路】先绘制直径为100的辅助圆[图2.3(a)]，然后将圆均分为5段，将各等分点作为五角星的五个角点[图2.3(b)]，然后利用"多段线"命令在"捕捉"的辅助下连接五个点[图2.3(c)]，删除辅助圆和点，即可得到结果[图2.3(d)]。

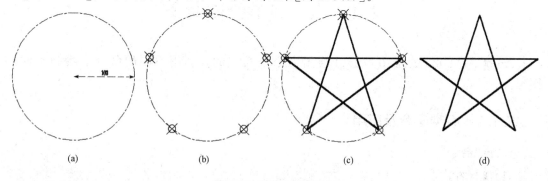

(a)　　　　　　　　(b)　　　　　　　　(c)　　　　　　　　(d)

图2.3 五角星绘制步骤

【绘制步骤】

命令：CIRCLE

指定圆的圆心或[三点(3P)/两点(2P)/切点、切点、半径(T)]：

指定圆的半径或[直径(D)]<100.0000>：
命令：DIV
选择要定数等分的对象：
输入线段数目或[块(B)]：5
命令：<打开对象捕捉>
命令：PLINE
指定起点：
指定下一个点或[圆弧(A)/半宽(H)/长度(L)/放弃(U)/宽度(W)]：
指定下一点或[圆弧(A)/闭合(C)/半宽(H)/长度(L)/放弃(U)/宽度(W)]：
指定下一点或[圆弧(A)/闭合(C)/半宽(H)/长度(L)/放弃(U)/宽度(W)]：
指定下一点或[圆弧(A)/闭合(C)/半宽(H)/长度(L)/放弃(U)/宽度(W)]：
指定下一点或[圆弧(A)/闭合(C)/半宽(H)/长度(L)/放弃(U)/宽度(W)]：C
命令：ERASE
选择对象：找到6个

思考：参考图2.2，尝试利用另外两种不同的方法绘制五角星。

3. "定距等分"命令

(1)执行方式：

1)菜单栏：执行菜单栏"绘图"→"点"→"定距等分" ⟨ **定距等分(M)** 命令。

2)命令行：输入"MEASURE"(ME)。

(2)功能：可以将选定对象按指定距离等分。

【例2.2】 梯子的绘制，效果如图2.4所示。

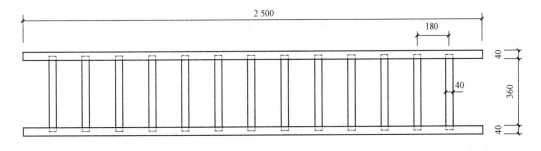

图2.4　梯子

【绘制思路】先绘制长为2 500的辅助线，然后绘制40宽的多线，再将辅助线按180的距离定距等分(图2.5)，然后将图2.5中所有对象复制到距辅助线400的正下方并利用图层和多线绘制出第一步梯级(图2.6)，最后复制梯级定位到点上(图2.7)并删除辅助线和点即可得到图2.4所示的效果。

图2.5　梯子绘制步骤一

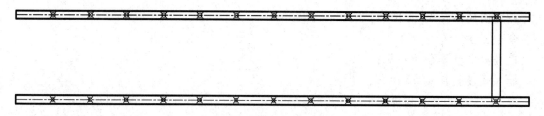

图 2.6　梯子绘制步骤二

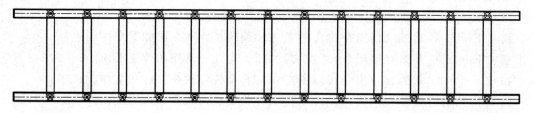

图 2.7　梯子绘制步骤三

【绘制步骤】

命令：LINE

指定第一点：

指定下一点或[放弃(U)]：2500

命令：MLINE

当前设置：对正= 上，比例= 20.00，样式= 1

指定起点或[对正(J)/比例(S)/样式(ST)]：j

输入对正类型[上(T)/无(Z)/下(B)]<无>：z

指定起点或[对正(J)/比例(S)/样式(ST)]：s

输入多线比例<40.00>：40

指定起点或[对正(J)/比例(S)/样式(ST)]：

指定下一点：

命令：MEASURE

选择要定距等分的对象：

指定线段长度或[块(B)]：180

命令：COPY

指定基点或[位移(D)/模式(O)]<位移>：

指定第二个点或[阵列(A)]<使用第一个点作为位移>：400

命令：MLINE

当前设置：对正= 无，比例= 40.00，样式= 1

指定起点或[对正(J)/比例(S)/样式(ST)]：

指定下一点：

命令：MLINE

指定下一点：

指定下一点或[放弃(U)]：

命令：MLINE

指定起点或[对正(J)/比例(S)/样式(ST)]：

指定下一点：

命令：COPY

找到 3 个

指定基点或[位移(D)/模式(O)]<位移>：

指定第二个点或[阵列(A)]<使用第一个点作为位移>：A

输入要进行阵列的项目数：12

指定第二个点或[布满(F)]：

思考： 参考图 2.4，尝试利用另外不同的方法绘制图中的梯子。

提示： 点类命令通常用来辅助绘图。在利用点类命令作为参考时，不仅要改变点样式以便于观察，还常常要与"捕捉"中的节点☒ ☑节点(D)结合使用，以便准确捕捉到点。

2.1.2 线类命令及应用

线类命令是 AutoCAD 软件绘制图形的基本命令。如果利用好相关的辅助绘图方式，线类命令可以成功绘制出绝大多数的图形。在建筑施工图的绘制过程中，表现得尤为明显。所以，必须熟练掌握线类命令及各个命令的特点。

1."直线"命令

"直线"命令是绘图中最基本、最常用的命令，常是修改类命令的编辑对象。

(1)执行方式：

1)工具栏：单击"绘图"工具栏中的"直线"按钮 ╱ 。

2)菜单栏：执行菜单栏"绘图"→"直线"命令。

3)命令行：输入"LINE"(L)。

(2)功能：绘制二维或三维线段。

2."构造线"命令

(1)执行方式：

1)工具栏：单击"绘图"工具栏中的"绘构造线"按钮 ╱ 。

2)菜单栏：执行菜单栏"绘图"→"构造线"命令。

3)命令行：输入"XLINE"(XL)。

(2)功能：通过一点绘制构造线。

(3)参数设置：

1)水平(H)：通过一点绘水平构造线。

2)垂直(V)：通过一点绘垂直构造线。

3)角度(A)：输入一个角度，通过一点绘给定角度的构造线。

4)二等分(B)：输入一个角(顶点、起点、终点)绘通过角平分线的构造线。

5)偏移(O)：选择一个对象和偏移量绘构造线。

提示： 在绘制有角度、均分角度等对象时，构造线通常作为辅助线。同时，在利用视图缩放(Z)命令时，构造线是看不见其端点的。

思考： 参考图 2.8，尝试利用构造线辅助绘制任意

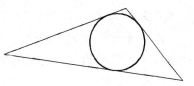

图 2.8 绘制任意三角形内切圆

21

三角形的内切圆。

3."多段线"命令

利用"多段线"命令,必须掌握参数的含义。在实际工作中,"多段线"命令常常可以代替部分色块填充图形,如方柱平面、箭头等。

(1)执行方式:

1)工具栏:单击"绘图"工具栏中的"多段线"按钮 ⌐⊃ 。

2)菜单栏:执行菜单栏"绘图"→"多段线"命令。

3)命令行:输入"PLINE"(PL)。

(2)功能:二维多段线可以由等宽或不等宽的直线及圆弧组成。AutoCAD 把多段线看成是一个单独的对象,用户可以用多段线编辑命令对多段线进行各种修改操作。

(3)参数设置:

1)宽度(W):该选项主要用来确定多段线的宽度。

2)闭合(C):选择该选项,AutoCAD 从当前点到多段线起始点以当前宽度绘制一条直线,接着绘制一条封闭的多段线,然后结束多段线命令。

3)放弃(U):删除最近一次添加到多段线上的直线段。

4)半宽(H):指定多段线线段的中心到其一边的宽度。起点半宽将成为默认的端点半宽。端点半宽在再次修改半宽之前,将作为所有后续线段的统一半宽。宽线段的起点和端点位于直线的中心点。

注意:通常,相邻多段线线段的交点将被修整。但在弧线段互不相切、有非常尖锐的角或者使用点画线的情况下将不执行修整,达不到预期的绘制效果(图 2.9)。

思考:尝试利用"多段线""偏移"和"阵列"等命令绘制如图 2.10 所示的地砖花纹。

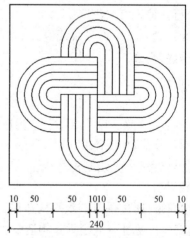

图 2.9 多段线不修整 　　　　　　　　图 2.10 地砖

4."多线"命令

"多线"命令可以画多条线,效率极高。但是在绘制特殊宽度的多线时,需要先设置多线样式。在后期编辑时,利用多线编辑工具,方可事半功倍。

(1)执行方式:

1)菜单栏:执行菜单栏"绘图"→"多线" **多线(U)** 命令。

2)命令行：输入"MLLINE"(ML)。

(2)功能：通过多点绘平行线。

(3)参数设置：

1)对正(J)：对正的类型方式如图 2.11 所示。

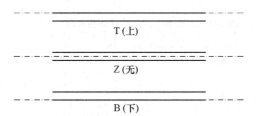

图 2.11　多线对正方式

①上(T)：对正中心线的上边。

②无(Z)：对正中心线上，即没有偏移。

③下(B)：对正中心线的下边。

2)比例(S)：多线的宽度比例。

3)样式(ST)：多线的样式。

【例 2.3】　执行"多线"命令绘制如图 2.12 所示的墙体。通过本例，练习不同多线样式的设置和进行多线的编辑。

【绘制思路】本例涉及三种不同的墙体和楼梯栏杆在内的四种不同多线的绘制。在利用相关知识绘制好辅助线后，需要利用多线样式设置四种多线样式，然后利用不同样式绘制好墙体后，再编辑多线。

【绘制步骤】

(1)绘制轴网(如图 2.13 所示，具体步骤略)。

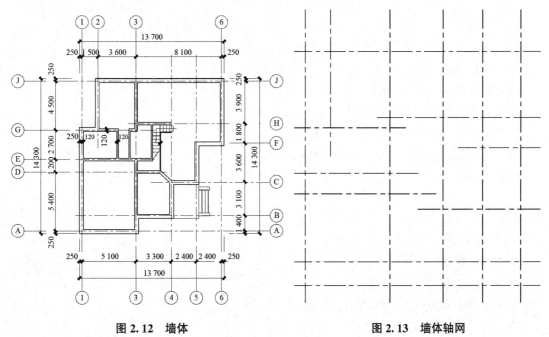

图 2.12　墙体　　　　　　　　　　　　　　图 2.13　墙体轴网

(2)设置多线样式(本例涉及四种多线样式，这里仅以 37 墙的设置为例)。

执行菜单栏"格式"→"多线样式" 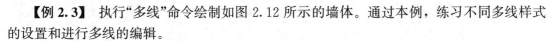 命令，在弹出的"多线样式"对话框中单击"新建"按钮新建多线样式[图 2.14(a)]。在弹出的"创建新的多线样式"对话框中命名多线样式[图 2.14(b)，推荐用数字命名]，再根据多线情况设置图元中的偏移[图 2.14(c)]。

(3)绘制墙体。

1)绘制 37 墙。

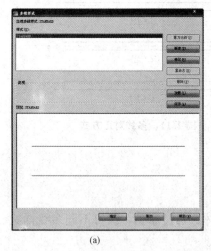
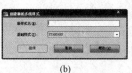

(a)   (b)   (c)

图 2.14　多线样式

命令：MLINE

当前设置：对正= 上，比例= 20.00，样式= STANDARD

指定起点或[对正(J)/比例(S)/样式(ST)]：ST

输入多线样式名或[?]：37

指定起点或[对正(J)/比例(S)/样式(ST)]：S

输入多线比例<20.00>：10

指定起点或[对正(J)/比例(S)/样式(ST)]：J

输入对正类型[上(T)/无(Z)/下(B)]<上>：Z

当前设置：对正= 无，比例= 10.00，样式= 37

指定起点或[对正(J)/比例(S)/样式(ST)]：

指定下一点：

⋮

指定下一点或[闭合(C)/放弃(U)]：C

（外墙绘制后，效果如图 2.15 所示）

2)绘制 24 墙。

命令：MLINE

当前设置：对正= 无，比例= 10.00，样式= 37

指定起点或[对正(J)/比例(S)/ 样式(ST)]：ST

输入多线样式名或[?]：24

当前设置：对正= 无，比例= 10.00，样式= 24

指定起点或[对正(J)/比例(S)/ 样式(ST)]：

指定下一点：

指定下一点或[闭合(C)/放弃(U)]：

⋮

用同样的方式绘制厚 120 的墙和 60 的栏杆，效果如图 2.16 所示。

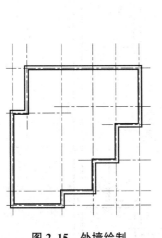

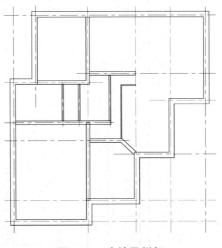

图 2.15　外墙绘制　　　　　　　　　图 2.16　内墙及栏杆

（4）编辑多线。双击任意多线，弹出"多线编辑工具"对话框（图 2.17），然后编辑多线（图 2.18）。

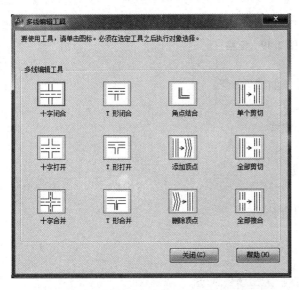

图 2.17　"多线编辑工具"对话框

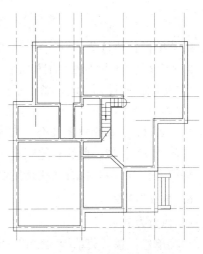

图 2.18　墙体轴网

命令：mledit

选择第一条多线：

选择第二条多线：

：

思考：参考图 2.19，尝试利用多线及其他命令绘制窗格。窗格外边框宽为 30 mm，内边框宽为 20 mm。

5."样条曲线"命令

（1）执行方式：

1）工具栏：单击"绘图"工具栏中的"样条曲线"按钮～。

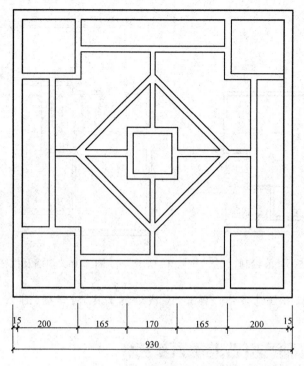

15 200 165 170 165 200 15
930

图 2.19 窗格

2)菜单栏：执行菜单栏"绘图"→"样条曲线"命令。

3)命令行：输入"SPLINE"(SPL)。

(2)功能：通过多点绘一条样条拟合曲线。

(3)参数设置：

1)对象(O)：指用样条拟合的多段线。

2)闭合(C)：拟合曲线首尾闭合。

3)拟合公差(F)：拟合曲线使用的拟合公差。

6."射线"命令

(1)执行方式：

1)菜单栏：执行菜单栏"绘图"→"射线" $\swarrow$ 射线(R)命令。

2)命令行：输入"RAY"。

(2)功能：通过一点绘制射线，如图 2.20 所示。

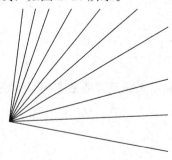

图 2.20 绘制射线

提示：线类命令是CAD绘图中最基本的命令，其中"直线"(L)、"构造线"(XL)、"多段线"(PL)、"多线"(ML)及"样条曲线"(SPL)命令，是实际工作中最常用的线类命令。

2.2 圆、弧类绘图命令

2.2.1 "圆"命令

(1)执行方式：

1)工具栏：单击"绘图"工具栏中的"圆"按钮⊘。

2)菜单栏：执行菜单栏"绘图"→"圆"命令。

3)命令行：输入"CIRCLE"(C)。

(2)功能：在指定的位置，利用圆心或半径画圆。

(3)参数设置：

1)三点(3P)：利用三点绘制圆。

2)两点(2P)：利用两点确定直径绘制圆。

3)切点、切点、半径(T)：通过两个切点和指定半径绘制圆。

AutoCAD 2020 提供了多种绘圆的方法：

(1)根据圆心点与圆的半径绘圆。菜单栏：执行菜单栏"绘图"→"圆"→"圆心、半径" ⊘ 圆心、半径(R)命令。

(2)根据圆心点与圆的直径绘圆。菜单栏：执行菜单栏"绘图"→"圆"→"圆心、直径" ⊘ 圆心、直径(D) 命令。

(3)根据两点绘圆。菜单栏：执行菜单栏"绘图"→"圆"→"两点" ⊘ 两点(2)命令。

(4)根据三点绘圆(图 2.21)。菜单栏：执行菜单栏"绘图"→"圆"→"三点" ⊘ 三点(3)命令。

(5)绘制与指定的两个对象相切，且半径为给定值的圆(图 2.22)。菜单栏：执行菜单栏"绘图"→"圆"→"相切、相切、半径" ⊘ 相切、相切、半径(T)命令。

提示：半径值不得小于指定的两个相切对象之间距离的一半。

(6)绘出与三个对象相切的圆。菜单栏：执行菜单栏"绘图"→"绘圆"→"相切、相切、相切" ⊘ 相切、相切、相切(A)命令(图 2.23)。

图 2.21 根据三点绘圆

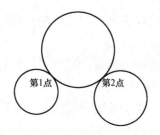

图 2.22 与指定两个对象相切

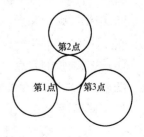

图 2.23 与三个对象相切

思考：尝试利用"圆"和"偏移"等命令绘制如图 2.24、图 2.25 所示的立交桥和花格。

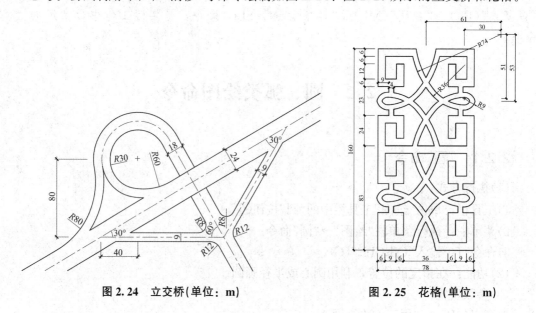

图 2.24 立交桥(单位：m)   图 2.25 花格(单位：m)

2.2.2 "圆弧"命令

(1)执行方式：

1)工具栏：单击"绘图"工具栏中的"圆弧"按钮 。

2)菜单栏：执行菜单栏"绘图"→"圆弧"命令。

3)命令行：输入"ARC"(A)。

(2)功能：绘制给定参数的圆弧。

AutoCAD 2020 提供了多种绘圆弧的方法：

(1)根据三点绘圆弧[图 2.26(a)]。菜单栏：执行菜单栏"绘图"→"圆弧"→"三点" 三点(P) 命令。

(2)根据圆弧的起点、圆心及端点绘圆弧[图 2.26(b)]。菜单栏：执行菜单栏"绘图"→ "圆弧"→"起点、圆心、端点" 起点、圆心、端点(S) 命令。

(3)根据圆弧的起点、圆心及角度绘圆弧[图 2.26(c)]。菜单栏：执行菜单栏"绘图"→ "圆弧"→"起点、圆心、角度" 起点、圆心、角度(T) 命令。

(4)根据圆弧的起点、圆心及长度绘圆弧。菜单栏：执行菜单栏"绘图"→"圆弧"→"起点、圆心、长度" 起点、圆心、长度(A) 命令。

(5)根据圆弧的起点、端点及角度绘圆弧。菜单栏：执行菜单栏"绘图"→"圆弧"→"起点、端点、角度" 起点、端点、角度(N) 命令。

(6)根据圆弧的起点、端点及方向绘圆弧。菜单栏：执行菜单栏"绘图"→"圆弧"→"起点、端点、方向" 起点、端点、方向(D) 命令。

(7)根据圆弧的起点、端点及半径绘圆弧[图 2.26(d)]。菜单栏：执行菜单栏"绘图"→ "圆弧"→"起点、端点、半径" 起点、端点、半径(R) 命令。

(8)根据圆弧的圆心、起点、端点绘圆弧。菜单栏：执行菜单栏"绘图"→"圆弧"→"圆心、起点、端点" 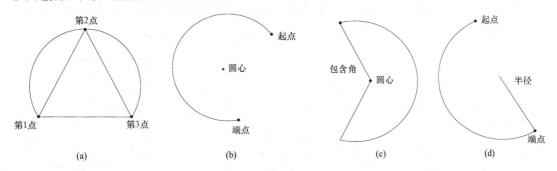 命令。

（9）根据圆弧的圆心、起点及角度绘圆弧。菜单栏：执行菜单栏"绘图"→"圆弧"→"圆心、起点、角度" 命令。

（10）根据圆弧的圆心、起点及长度绘圆弧。菜单栏：执行菜单栏"绘图"→"圆弧"→"圆心、起点、长度" 命令。

图 2.26 多种方法画圆弧
(a)根据三点绘圆弧；(b)根据起点、圆心及端点绘圆弧；
(c)根据起点、圆心及角度绘圆弧；(d)根据起点、端点及半径绘圆弧

2.2.3 "圆环"命令

（1）执行方式：

1）菜单栏：执行菜单栏"绘图"→"圆环" 圆环(D) 命令。

2）命令行：输入"DONUT"(DO)。

（2）功能：在指定的位置画指定内外径的圆环（图 2.27）或实心圆（图 2.28）。

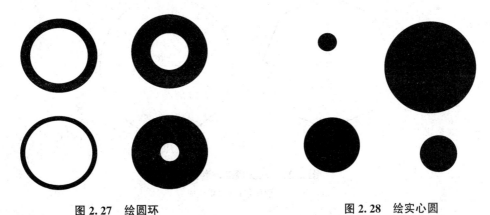

图 2.27 绘圆环   图 2.28 绘实心圆

2.2.4 "椭圆"及"椭圆弧"命令

（1）执行方式：

1）工具栏：单击"绘图"工具栏中的"椭圆"/"椭圆弧" 圆弧(A) 按钮。

2）菜单栏：执行菜单栏"绘图"→"椭圆"命令。

3）命令行：输入"ELLIPSE"(EL)。

（2）功能：在指定的位置绘制椭圆或椭圆弧（图2.29）。

（3）参数设置：

1）圆弧（A）：绘制椭圆弧。

2）中心点（C）：输入椭圆的中心点。

3）旋转（R）：用旋转的方式输入另一半轴。

思考：尝试利用所学知识——"椭圆"及"椭圆弧"等命令绘制如图2.30所示的坐便器。

图2.29　绘制椭圆及椭圆弧　　　　　　　　　图2.30　坐便器

提示：圆、弧类命令是CAD绘图中实现方式最多的命令，在学习的过程中，要注意留意不同绘制方式的用途及优势。另外，圆、弧类图形在显示时有不平滑现象[图2.31（a）]，可以通过执行"工具"→"选项"命令，在弹出的"选项"对话框"显示"选项组的"圆弧和圆的平滑度" 2000 圆弧和圆的平滑度(A) 中进行设置，一般调至2 000～3 000用"重生成（REGEN）"命令即可[图2.31（b）]。

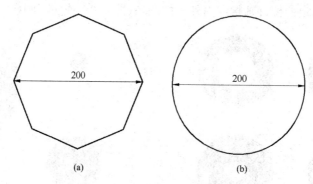

(a)　　　　　　　　　　　　　　(b)

图2.31　现实精度调整结果

(a)不手滑现象；(b)重生成

2.3　形体类绘图命令

2.3.1　"矩形"命令

（1）执行方式：

1）工具栏：单击"绘图"工具栏中的"矩形"按钮 。

2)菜单栏：执行菜单栏"绘图"→"矩形"命令。

3)命令行：输入"RECTANG"(REC)。

(2)功能：绘制指定大小及位置的矩形。

(3)二维参数设置：

1)倒角(C)：设置矩形的倒角距离[图2.32(a)]。

2)圆角(F)：指定矩形的圆角半径[图2.32(b)]。

3)宽度(W)：指定矩形的宽度[图2.32(c)]。

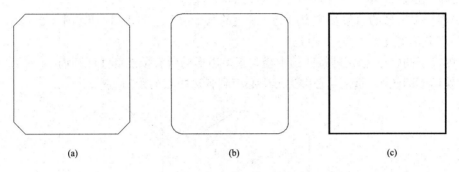

(a)   (b)   (c)

图2.32　绘矩形

(a)倒角(C)；(b)圆角(F)；(c)宽度(W)

【**例2.4**】　利用矩形命令绘制一个A2图框(图2.33)。

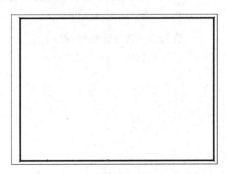

图2.33　A2图框

【**绘制步骤**】

命令：RECTANG

指定第一个角点或[倒角(C)/标高(E)/圆角(F)/厚度(T)/宽度(W)]：w

指定矩形的线宽<0.0000>：

指定第一个角点或[倒角(C)/标高(E)/圆角(F)/厚度(T)/宽度(W)]：0，0

指定另一个角点或[尺寸(D)]：594　420

命令：RECTANG

指定第一个角点或[倒角(C)/标高(E)/圆角(F)/厚度(T)/宽度(W)]：w

指定矩形的线宽<0.0000>：0.8

指定第一个角点或[倒角(C)/标高(E)/圆角(F)/厚度(T)/宽度(W)]：25，10

指定另一个角点或[尺寸(D)]：584　410

2.3.2 "正多边形"命令

(1)执行方式：

1)工具栏：单击"绘图"工具栏中的"多边形"按钮🞄。

2)菜单栏：执行菜单栏"绘图"→"多边形"命令。

3)命令行：输入"POLYGON"(POL)。

(2)功能：绘制正多边形。

AutoCAD 2020 提供了多种绘制正多边形的方法：

(1)根据多边形的边数及多边形上一条边的两个端点绘制正多边形[图 2.34(a)]。

(2)定义正多边形中心点(P1)。

1)内接于圆(I)：指定外接圆的半径，正多边形的所有顶点都在此圆周上[图 2.34(b)]。

2)外切于圆(C)：指定从正多边形中心点到各边中点的距离[图 2.34(c)]。

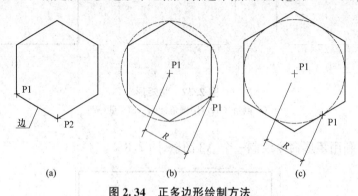

(a)   (b)   (c)

图 2.34　正多边形绘制方法

(a)根据边数和端点绘制正多边形；(b)内接于圆(I)；(c)外切于圆(C)

2.3.3 "实体"命令

(1)执行方式：

命令行：输入"SOLID"(SO)。

(2)功能：对指定的点所形成的区域进行填充。

提示：

(1)如图 2.35(a)所示，按点 P1→P2→P3→P4 的顺序绘制的结果。选择 P1→P2→P3 点后创建填充的三角形，在选择 P4 时则填充另外一个以 P2、P3、P4 为顶点的三角形。

(2)如图 2.35(b)所示，在选择 P1→P2→P3 点后创建一个填充的三角形；在选择 P4 点时，则填充另外一个以 P2、P3、P4 为顶点的三角形。但是，填充叠加的区域和没有被填充的区域均变为空白，所以出现了如图 2.35(b)所示的效果。

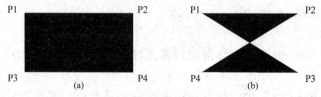

(a)   (b)

图 2.35　实体填充

(a)填充叠加区域后没有被填充的区域未变为空白；(b)填充叠加区域后没有被填充的区域均变为空白

2.3.4 "修订云线"命令

(1)执行方式：

1)工具栏：单击"绘图"工具栏中的"修订云线"按钮 🖑 。

2)菜单栏：执行菜单栏"绘图"→"修订云线"命令。

3)命令行：输入"REVCLOUD"。

(2)功能：绘制一条形状如云彩的云线。

(3)二维参数设置：

1)弧长(A)：指定云线的最小弧长和云线的最大弧长。

2)对象(O)：指定绘制云线是一个对象。

3)样式(S)：选择圆弧样式。

【例2.5】 利用"修订云线"绘制如图2.36所示的图案。

图 2.36　绘制效果

【绘制步骤】

命令：REVCLOUD

最小弧长：15　最大弧长：15

指定起点或［弧长(A)/对象(O)］<对象>：a

指定最小弧长<15>：50

指定最大弧长<15>：100

指定起点或［对象(O)］<对象>：

沿云线路径引导十字光标…

2.4 常用建筑装饰图案绘制实例

建筑装饰图案是建筑装饰设计施工图的重要组成部分，一般分为平面图形和立面图形。

2.4.1 常用建筑装饰平面图案绘制实例

1. 植物平面图案的绘制

植物的平面图案应用较多，在建筑和建筑装饰平面图上应用很广泛，下面用分步分解的方式来介绍植物的平面图案的计算机绘制方式。

【例2.6】 利用绘图命令绘制一个植物平面图案。

【绘制步骤】

(1)用"圆弧"命令绘制一条圆弧，如图2.37(a)所示。

(2)用"直线"或者"多段线"命令绘制枝叶，如图2.37(b)所示。

(3)用"圆弧"命令绘制多条圆弧，如图2.37(c)所示。

(4)用"直线"命令绘制第2枝叶，如图2.37(d)所示。

(5)用"直线"命令绘制其余枝叶。完成的图案如图2.37(e)所示。

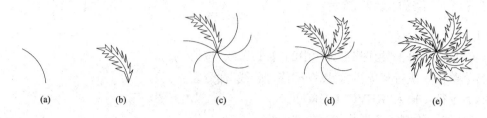

(a)   (b)   (c)   (d)   (e)

图 2.37   花卉图案 1

【例 2.7】   利用绘图命令绘制植物平面图案。

【绘制步骤】

(1)用"圆弧"命令绘制几条圆弧,形成植物的平面骨架,如图2.38(a)所示。

(2)用"圆"命令绘制大小不同的圆,形成一支植物的部分叶片,如图2.38(b)所示。

(3)用"圆环"命令绘制大小不同的实心圆,形成全部花瓣,如图2.38(c)所示。

(4)用同样的方法绘制其余部分,如图2.38(d)、(e)、(f)所示。

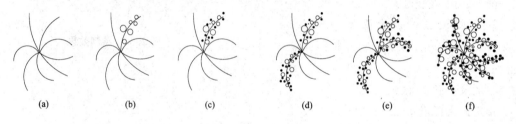

(a)   (b)   (c)   (d)   (e)   (f)

图 2.38   花卉图案 2

2. 家具平面图案的绘制

家具的平面图案在建筑图和建筑装饰平面图上应用很广泛,尤其在装饰平面布置图中用得最多。下面用分步分解的方法来介绍家具平面图案的绘制方法。

【例 2.8】   利用绘图命令绘制一个双人床的平面图案。

【绘制步骤】

(1)用"矩形"命令绘制床的外形,如图2.39(a)所示。

(2)用"直线"命令绘制床的床单,如图2.39(b)所示。

(3)用"直线"命令绘制枕头,如图2.39(c)所示。

(4)用"直线"命令重复绘制第2个枕头,如图2.39(d)所示。

(5)用"直线"命令绘制床头柜,完成的图案如图2.39(e)所示。

(6)用"直线"和"圆弧"命令绘制床头柜上的床头灯,完成的图案如图2.39(f)所示。

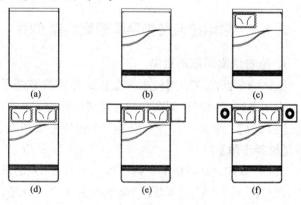

(a)   (b)   (c)

(d)   (e)   (f)

图 2.39   家具图案 1

【例 2.9】 利用绘图命令绘制一个沙发的平面图案(如图 2.40 所示,详细步骤略)。

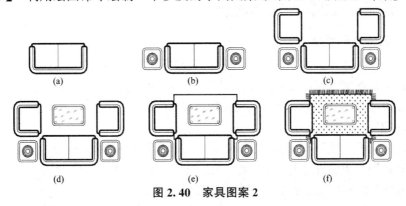

图 2.40　家具图案 2

3. 灯具平面图案的绘制

灯具的平面图案在建筑图和建筑装饰平面图上应用很广泛,如天棚平面布置图用得最多。下面用分步分解的方法来介绍灯具平面图案的绘制方法。

【例 2.10】 利用绘图命令绘制一个组合灯的平面图案。

【绘制步骤】

(1)用"矩形"命令绘制灯的外形,如图 2.41(a)所示。

(2)用"正多边形"命令绘制小灯的外形,如图 2.41(b)所示。

(3)用"圆"命令绘制中心灯泡,如图 2.41(c)所示。

(4)用"圆"和"阵列"命令重复绘制小灯泡,如图 2.41(d)所示。

(5)利用"阵列"或"复制"命令复制小灯,如图 2.41(e)、(f)所示。

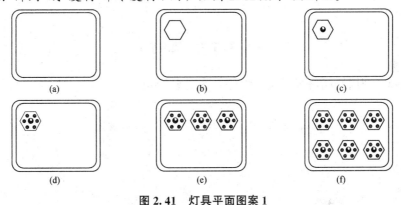

图 2.41　灯具平面图案 1

【例 2.11】 利用绘图命令绘制一个吊灯的平面图案(如图 2.42 所示,详细步骤略)。

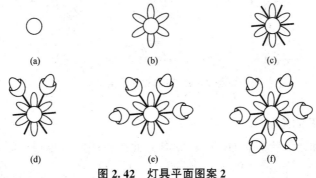

图 2.42　灯具平面图案 2

2.4.2 常用建筑装饰立面图案绘制

1. 植物立面图案的绘制

在建筑立面图和建筑装饰立面图上，植物立面图案应用很广泛，下面用分步分解的方法来介绍花卉立面图案的绘制方式。

【**例 2.12**】 利用绘图命令绘制一个植物的立面图案。

【**绘制步骤**】

(1)用"圆弧"和"直线"命令绘制花盆的外形，如图 2.43(a)所示。

(2)用"直线"和"圆弧"命令绘制花盆的花纹，如图 2.43(b)所示。

(3)用"直线"命令绘制植物的叶，如图 2.43(c)所示。

(4)用"直线"命令绘制第 2 片叶，如图 2.43(d)所示。

(5)用"直线"命令绘制植物其余的叶。完成的图案如图 2.43(e)、(f)所示。

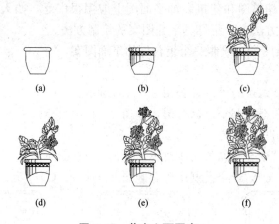

图 2.43 花卉立面图案 1

【**例 2.13**】 利用绘图命令绘制植物的立面图案(如图 2.44 所示，详细步骤略)。

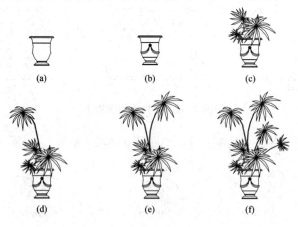

图 2.44 植物立面图案 2

2. 家具立面图案的绘制

在建筑立面图和建筑装饰立面图上，家具立面图案的应用也很广泛，下面用分步分解的方法来介绍家具的立面图案的绘制方式。

【例 2.14】 利用绘图命令绘制一个双人床的立面图案。

【绘制步骤】

（1）用"直线"命令绘制双人床的床头外形图，如图 2.45(a)所示。

（2）用"直线"命令绘制双人床的床身，如图 2.45(b)所示。

（3）用"直线"命令绘制双人床的床头花纹，如图 2.45(c)所示。

（4）用"直线"命令绘制枕头，如图 2.45(d)所示。

（5）用"直线"和"圆"命令绘制床头柜与床头灯，如图 2.45(e)、(f)所示。

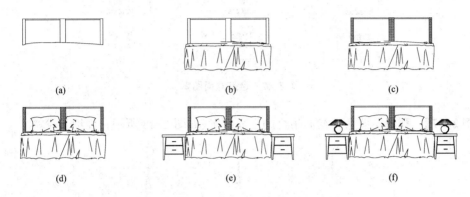

图 2.45 双人床立面图案

【例 2.15】 利用绘图命令绘制一套餐桌、椅的立面图案（如图 2.46 所示，详细步骤略）。

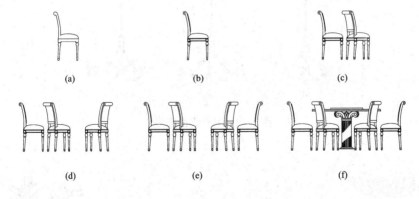

图 2.46 餐桌、椅立面图案

3. 灯具立面图案的绘制

在绘制建筑立面图和建筑装饰立面图时，灯具立面图案的应用也很广泛。下面用分步分解的方法来介绍灯具立面图案的绘制方式。

【例 2.16】 利用绘图命令绘制一个台灯的立面图案。

【绘制步骤】

（1）用"直线"和"圆弧"命令绘制台灯灯座外形，如图 2.47(a)所示。

（2）用"直线"命令绘制灯座的花纹，如图 2.47(b)所示。

（3）用"直线"命令绘制台灯的灯罩，如图 2.47(c)所示。

（4）用"直线"命令绘制灯罩的花纹分格，如图 2.47(d)所示。

（5）用"直线"命令绘制灯罩的花纹，完成的图案如图 2.47(e)、(f)所示。

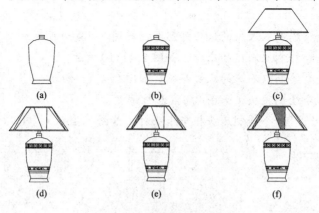

图 2.47　台灯立面图案

【**例 2.17**】　利用绘图命令绘制吊灯的立面图案（如图 2.48 所示，详细步骤略）。

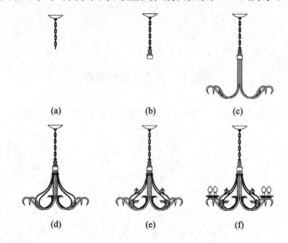

图 2.48　吊灯立面图案

📺 ➤ **实训**

【**实训 1**】　利用绘图命令绘制如图 2.49 所示的花卉平面图。

实训要求：

（1）用"圆弧"命令绘制主杆。

（2）用"直线"命令绘制多条枝叶。

【**实训 2**】　利用绘图命令绘制如图 2.50 所示的家具平面图。

实训要求：

（1）用"矩形"命令绘制床的外形。

图 2.49　花卉平面图

（2）用"直线"命令绘制床的床单、枕头。

（3）用"圆环"命令绘制台灯。

（4）用"圆""直线"命令绘制地毯。

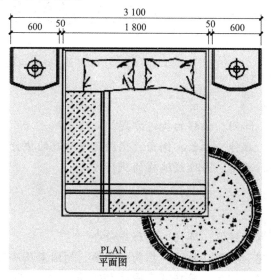

图2.50　家具平面图

➤本章小结

　　二维图形是在二维平面空间绘制的图形，主要由一些图形元素组成，如点、直线、圆弧、圆、椭圆、矩形、多边形等；AutoCAD提供大量的绘图工具来绘制二维图形。本章主要包括点、线、圆、弧、矩形类绘图。

➤思考与练习

1. "点"命令的执行方式有哪些？

2. 线类命令包括哪些？"直线"命令的执行方式有哪些？

3. 多线样式如何设置？

4. 绘制"圆"命令中参数"三点、两点、切点"各指什么？

5. 在"矩形"命令中，倒角、圆角、宽度各有什么特点？

6. AutoCAD 2020中有哪三种绘制正多边形的方法？

第3章　建筑配景绘制

知识目标

1. 掌握复制、镜像、阵列、偏移的执行方式。
2. 掌握修建、打断、拉伸、拉长、倒角、倒圆角及修改的执行方式。
3. 掌握移动、缩放、旋转、多段线编辑的执行方式。

技能目标

1. 能进行图形的复制、镜像、阵列、偏移等命令。
2. 能进行图形的修建、打断、拉伸、拉长、倒角、倒圆角及修改等命令。
3. 能进行图形的移动、缩放、旋转、多段线编辑等命令。

素质目标

1. 在编辑及修改图形的过程中，要及时反思，不断提高自己的学习能力。
2. 能按时完成各项任务，遵守最终交图纸日期。
3. 具有吃苦耐劳、爱岗敬业的职业精神。

第2章介绍了基本的绘图命令，本章将介绍编辑命令的使用，运用这些编辑命令可以轻松地使图形达到丰富的效果。在手工绘图时，最麻烦的就是对图形进行定位或绘制几个相同的图形等这些重复又繁杂的工作，而这些麻烦在 CAD 绘图中都不是问题，只要运用 CAD 对图形进行编辑就可以解决。编辑命令是 CAD 绘图中最重要也是最常用的，几乎占到全部图形绘制的 60%～80%，由此可以看出，掌握编辑命令的使用是掌握图形绘制的关键。本章介绍的大多数编辑命令，都可以在工作界面上找到，运用编辑命令进行建筑配景图的绘制是本章的重点。

3.1　对象选择方式

3.1.1　实体对象的选择方式

要对图形对象进行编辑，首先需要选择对象。所有选中的对象形成一个选择集，只有被选中的图形对象才能够继续进行编辑。可以使用下列方式来创建选择集：

（1）单击图形对象创建选择集，逐一单击工作界面上的对象，构成选择集。

（2）用矩形框创建选择集，直接用鼠标指针指定矩形框的一个角点，然后拖动鼠标指针选择下一个角点，完成选择。

提示：这里的矩形选择框分为以下两种：

①从左向右选择矩形选择框的时候，选择框是实线蓝色框，称为窗口选择。只有当图形对象全部处于矩形框内时才能被选中。

②从右向左选择矩形选择框的时候，选择框是虚线绿色框，称为交叉选择。只要图形对象有一部分在选择框内，其都能被选中。

（3）快速选择，使用"快速选择"的工具，只要满足选择条件的图形对象都能够创建选择集。在工作界面上单击鼠标右键，只要在弹出的菜单中选择"快速选择"，就可以实现图形的快速选择。按键盘上的 Esc 键可以取消选择的内容；按"Shift＋对象"可以删去已经选择的图形中的单个对象（即单个对象不被选择）。

选择图形进行编辑命令的操作有以下三种方式：

1）选择要执行的命令，对于这种方式，AutoCAD 会在命令栏提示选择对象。

2）先选择一个对象，然后进行修改命令的操作。AutoCAD 会默认一个选择的对象为此次命令将要操作的对象。

3）通过拾取的方式选择对象，然后用夹点对对象进行修改。

3.1.2 选择方式参数

在选择了将要执行的命令后，AutoCAD 会提示选择对象，可以用下列几种参数来选择对象：

（1）S：通过使用拾取框来输入坐标，可以直接拾取对象。

（2）W：窗口选择的对象，是包括在矩形窗口内的全部对象。

（3）C：交叉选择的对象，是包括在矩形窗口中的对象及与矩形窗口边界相交的对象。

（4）WP：圈围选择的对象，是全部包括在多边形窗口内的对象。

（5）CP：圈交选择的对象，是包括在多边形窗口中的对象及与多边形窗口边界相交的对象。

（6）F：栏选，选择的对象穿过一个多段线栅栏线。

（7）ALL：选择工作界面中的所有对象。

（8）A：将对象添加到选择集。

（9）R：将对象清除出选择集。

（10）PK：如果之前有一个选择集，再次选择包含在前一个选择集内的全部对象。

【例 3.1】 对象的单个选择，用鼠标逐一选择对象，如图 3.1 所示。选中的对象将以虚线显示。

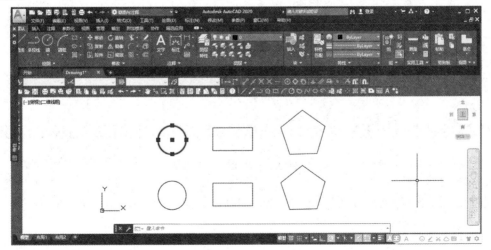

图 3.1　对象选择 1

【例 3.2】 运用 W 参数开窗选择对象，如图 3.2 所示。图中只有圆与矩形被选中。

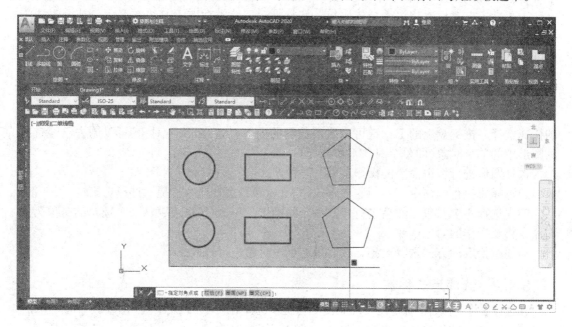

图 3.2　对象选择 2

【例 3.3】 运用 C 参数交叉窗口选择对象，如图 3.3 所示。图中的图形都被选中。

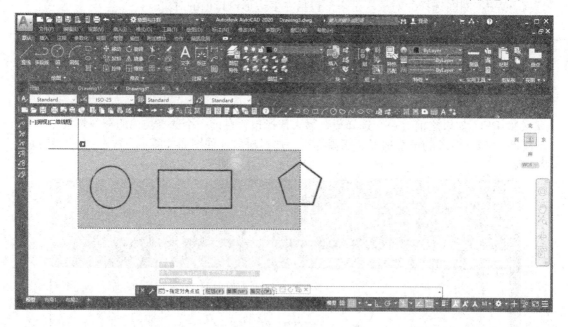

图 3.3　对象选择 3

【例 3.4】 运用 WP 参数用多边窗口选择对象，如图 3.4 所示。图中的一个圆、一个矩形和一个多边形被选中。

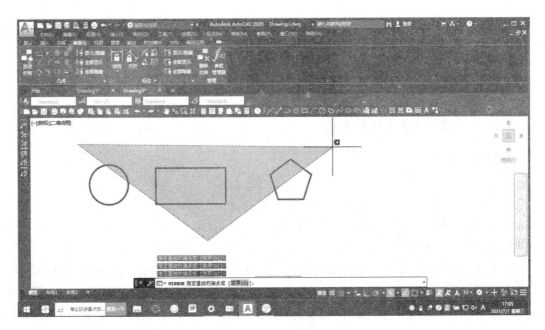

图 3.4 对象选择 4

【例 3.5】 运用 CP 参数用多边交叉窗口选择对象，如图 3.5 所示。图中的图形都被选中。

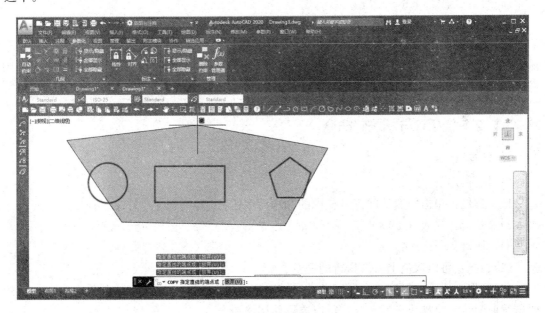

图 3.5 对象选择 5

以上例子列出的是运用各选择图形参数的效果。如果需要将工作界面中的所有对象选中，可以直接在命令行中输入 ALL，输入 L 选中最近一个绘制的图形对象，输入 U 取消上一次选中的对象。在选择对象的过程中，可以根据实际的需要选择相应的参数命令。

只有快速、准确地选择对象，才能更好地进行其他的操作。需要注意的是，图形对象的概念和参数选择的含义有一定区别，两者是不同的。

3.2 基本编辑类命令

3.2.1 "删除"与"恢复"命令

1. "删除"命令

（1）执行方式：

1）工具栏：单击"修改"工具栏中的"删除"按钮 ✐。

2）菜单栏：执行菜单栏"修改"→"删除"命令。

3）命令行：输入"ERASE"（E）。

使用"删除"命令，会把已选择的对象从绘图界面中删除。这种操作类似于尺规作图时，用橡皮擦擦掉不要的图形，而且不会在界面上留下痕迹。在选择命令后，输入 L，删除绘制的上一个对象；输入 P，删除前一个选择集；输入 ALL，删除所有对象；输入?，命令窗口会弹出提示选项。

2. "恢复"命令

（1）执行方式：

命令行：输入"OOPS"。

（2）功能：可以恢复上一次使用 ERASE 命令删除掉的对象。

（3）操作方法：输入"OOPS"命令后按空格键确定，即可恢复最后一次用 ERASE 命令删除的对象。"OOPS"命令只可以用来进行一次恢复操作，即仅能够恢复最后一次用 ERASE 命令删除的对象。

3.2.2 "放弃"与"重做"命令

1. "放弃"命令

（1）执行方式：

1）工具栏：单击快速访问工具栏中的"放弃"按钮。

2）命令行：输入"UNDO"。

3）快捷键：Ctrl+Z。

（2）功能：可以取消上一次执行的命令。

（3）操作方法：选择该命令后，按空格键确定，可取消上一次执行的其他命令。如果想要连续取消每一个被执行的命令，可以连续使用该命令。

2. "重做"命令

（1）执行方式：

1）工具栏：单击快速访问工具栏中的"重做"按钮。

2）命令行：输入"REDO"。

3）快捷键：Ctrl+Y。

（2）功能：可以恢复被取消的上一次命令。

3.3 复制类命令

在绘制图形的过程中，经常会遇到相同的图形不断出现，需要重复绘制的情况，用"复制"命令对相同的图形对象进行复制，可节省重复画图的时间。

3.3.1 "复制"命令

(1)执行方式：

1)工具栏："修改"工具栏中的"复制"按钮 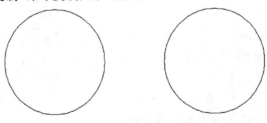。

2)菜单栏：执行菜单栏"修改"→"复制"命令。

3)命令行：输入"COPY"(CO/CP)。

(2)功能：对被选择的对象进行复制(可以同时复制很多次)。

(3)操作方法：

1)选定图形对象的一个特殊点作为基点进行复制(如圆心、端点)。

如果在"指定基点或[位移(D)/模式(O)]<位移>:"提示下默认系统的执行方式，直接输入一点的位置，AutoCAD 将继续提示"指定第二个点或[阵列(A)]<使用第一个点作为位移>:"，在此提示下，再输入一点或确认第一个点，AutoCAD 将所选定的对象按给定两点确定的位移矢量进行复制。

2)按位移量复制。如果在"指定基点或[位移(D)/模式(O)]<位移>:"提示下输入相对于前一点的位移量，AutoCAD 直接将选定的对象按照输入的位移量进行复制。同时，Copymode 系统变量将影响复制的次数：当系统变量为 1 时，AutoCAD 执行单次复制，即执行一次复制操作就自动结束命令；当系统变量为 0 时，AutoCAD 执行多重复制，可以一直对图形对象进行复制操作，直到用户结束命令。

【例 3.6】 运用"复制"命令复制图形对象(图 3.6)。

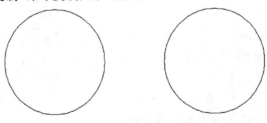

图 3.6 圆的复制

【绘制步骤】

命令：COPY

选择对象：找到 1 个

选择对象：

当前设置：复制模式=单个

指定基点或[位移(D)/模式(O)/多个(M)]<位移>:

指定第二个点或[阵列(A)]<使用第一个点作为位移>:

【例3.7】 运用"复制"命令复制多个图形对象（图3.7）。

【绘制步骤】

命令：COPY

选择对象：指定对角点：找到 2 个

选择对象：

当前设置：复制模式=多个

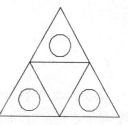

图 3.7　多个图形对象的复制

指定基点或［位移(D)/模式(O)]<位移>：

指定第二个点或［阵列(A)]<使用第一个点作为位移>：

指定第二个点或［阵列(A)/退出(E)/放弃(U)]<退出>：

3.3.2　"镜像"命令

(1)执行方式：

1)工具栏：单击"修改"工具栏中的"镜像"按钮 。

2)菜单栏：执行菜单栏"修改"→"镜像"命令。

3)命令行：输入"MIRROR"(MI)。

(2)功能：将指定的图形对象按镜像方式复制到指定的位置。

(3)参数设置：在命令执行过程中，有如下选项：

要删除源对象吗？［是(Y)/否(N)]<N>：

1)Y：表示要删除原来的图形。

2)N：表示保留原来的图形；

系统默认是 N，即保留原图形。

【例3.8】 运用"镜像"命令镜像复制多个图形对象(图3.8)。

【绘制步骤】

命令：MIRROR

选择对象：指定对角点：

选择对象：指定镜像线的第一点：

指定镜像线的第二点：

要删除源对象吗？［是(Y)/否(N)]<N>：

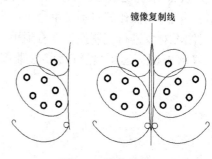

图 3.8　镜像复制 1

【例3.9】 运用镜像命令镜像复制多个图形对象(图3.9)。

【绘制步骤】

命令：MIRROR

选择对象：

指定对角点：

选择对象：

指定镜像线的第一点：

指定镜像线的第二点：

要删除源对象吗？［是(Y)/否(N)]<N>：

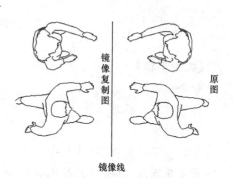

图 3.9　镜像复制 2

提示： 当文字属于镜像命令的对象时，可以有以下两种结果：

①文字完全镜像，如图 3.10(a)，显然这不是我们想要的结果。

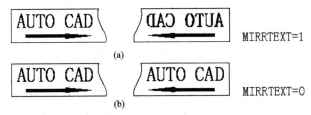

图 3.10 用 MIRRTEXT 来控制文字镜像

(a)文字完全镜像；(b)文字保留

②文字保留，而除文字的部分镜像(即图形镜像)，文字在图形中的书写格式仍然保留，如图 3.10(b)所示。

这两种状态都是由系统变量 MIRRTEXT 来控制的：

①若系统变量 MIRRTEXT 的值为 1，文字则完全镜像；若系统变量 MIRRTEXT 的值为 0，文字则保留原来的读取顺序。

②系统变量 MIRRTEXT 的初始值为 1，因此，要单独使文字保留格式，必须将该变量的值设置为 0。

3.3.3 "阵列"命令

1. 执行方式

(1)菜单栏：执行菜单栏"修改"→"阵列"→"矩形阵列" 🔡/"路径阵列" 📟/"环形阵列" 📟命令。

(2)功能区单击"默认"选项卡，修改"面板"阵列下拉列表下的"矩形阵列"按钮🔡。

(3)命令行中：输入"ARRAY"。

功能：按矩形、环形或路径的方式复制选定的对象，把原来的对象按指定的格式及方式作有规律的多重复制。

2. 操作路径

命令：ARRAY

选择对象：　找到 1 个

选择对象：

输入阵列类型[矩形(R)/路径(PA)/极轴(PO)]<矩形>：R

类型=矩形关联=是

选择夹点以编辑阵列或[关联(AS)/基点(B)/计数(COU)/间距(S)/列数(COL)/行数(R)/层数(L)/退出(X)]<退出>：S

指定列之间的距离或[单位单元(U)]<1518.9316>：1500

指定行之间的距离<690.1838>：700

选择夹点以编辑阵列或[关联(AS)/基点(B)/计数(COU)/间距(S)/列数(COL)/行数(R)/层数(L)/退出(X)]<退出>：

选项说明：

(1)关联(AS)：指定是否在阵列中创建项目作为关联阵列对象，或作为独立对象。

(2)基点(B)：指定阵列的基点。

(3)关联(AS)：指定是否在阵列中创建项目作为关联阵列对象，或作为独立对象。

(4)项目(I)：编辑阵列中的项目数。

(5)行(R)：指定阵列中的行数和行间距，以及它们之间的增量标高。

(6)层(L)：指定阵列中的层数和层间距。

【例3.10】 用"环形阵列"命令将图3.11(a)中左侧的小圆作环形阵列，结果如图3.11(b)所示。

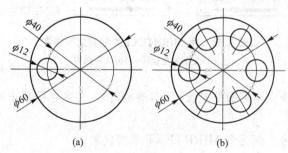

图3.11 环形阵列图形

(a)原图；(b)结果

【操作步骤】

(1)执行菜单栏"修改"→"阵列"→"环形阵列"命令。

(2)根据命令行提示进行下列操作：

命令：_ arraypolar

选择对象：找到1个 （选择需要阵列的左侧小圆）

选择对象：✓ （按Enter键结束选择对象）

类型=极轴 关联=是

指定阵列的中心点或[基点(B)/旋转轴(A)]：✓

（用鼠标选取大圆的圆心）

选择夹点以编辑阵列或[关联(AS)/基点(B)/项目(I)/项目间角度(A)/填充角度(F)/行(ROW)/层(L)/旋转项目(ROT)/退出(X)]<退出>：I✓ （选择"项目"选项）

输入阵列中的项目数或[表达式(E)]<8>：6✓

（输入项目数"6"）

选择夹点以编辑阵列或[关联(AS)/基点(B)/项目(I)/项目间角度(A)/填充角度(F)/行(ROW)/层(L)/旋转项目(ROT)/退出(X)]<退出>：F✓ （选择"填充角度"项目）

指定填充角度(+ = 逆时针、- = 顺时针)或[表达式(EX)]<360>：✓

（按Enter键选择默认角度）

选择夹点以编辑阵列或[关联(AS)/基点(B)/项目(I)/项目间角度(A)/填充角度(F)/行(ROW)/层(L)/旋转项目(ROT)/退出(X)]<退出>：ROT✓ （选择"旋转项目"选项）

是否旋转阵列项目？[是(Y)/否(N)]<是>：✓

（按Enter键选择默认"是"选项）

选择夹点以编辑阵列或[关联(AS)/基点(B)/项目(I)/项目间角度(A)/填充角度(F)/行(ROW)/层(L)/旋转项目(ROT)/退出(X)]<退出>：✓ （按Enter键结束命令）

(3)最终的绘图结果如图3.11(b)所示。

3.3.4 "偏移"命令

(1)执行方式：

1)工具栏：单击"修改"工具栏中的"偏移"按钮 ⬅。

2)菜单栏：执行菜单栏"修改"→"偏移"命令。

3)命令行：输入"OFFSET"(O)。

(2)功能：对指定的线、弧及圆等对象作同心复制。对于直线而言，因为其圆心为无穷远，所以直线的偏移是平行移动。

(3)操作方法：

1)如果在提示下输入一数值，表示以该值为偏移距离进行复制。

2)如果在执行"偏移"命令后输入 T，则表示使复制的对象通过一点。

提示：(1)执行"偏移"命令时，只能以直接点取的方式选取物体。

(2)如果用给定距离的方式复制，距离必须＞0。对于多段线，其距离按中心线计算。

(3)如果给定的距离值不合适，或指定的通过点位置不合适，或指定的对象不能由命令OFFSET 确认，AutoCAD 在命令栏中会给出相应的提示。

(4)不同的图形对象，对其执行"偏移"命令后有不同的结果：

1)对圆弧作同心复制后，新圆弧与旧圆弧有同样的中心角，但新圆弧的长度会发生改变，如图 3.12(a)所示。

2)对圆或椭圆作同心复制后，新圆、新椭圆与旧圆、旧椭圆有同样的圆心，但新圆的半径或新椭圆的轴长会发生变化，如图 3.12(b)所示。

3)对直线(LINE)、构造线(XLINE)、射线(RAY)作同心复制，实际上是它们的平行复制，如图 3.12(c)所示。

4)对多段线作同心复制，新多段线各线段、各圆弧段的长度都会变化。新多段线的两个端点位于旧多段线两端点处的法线方向，新多段线其他各端点位于旧多段线相应端点两端线段(圆弧为该点的切线方向)的角平分线上，如图 3.12(d)所示。

5)对样条曲线作同心复制，其长度和形状都会变化，使新样条曲线的各个端点均位于旧样条曲线相应端点处的法线方向上，如图 3.12(e)所示。

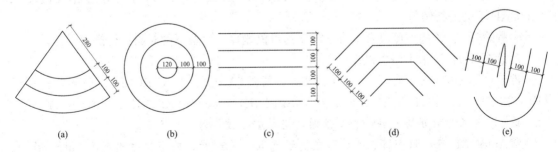

(a)　　　　(b)　　　　(c)　　　　(d)　　　　(e)

图 3.12　不同的对象，对其执行 OFFSET 命令后有不同的结果

(a)圆弧；(b)圆；(c)直线；(d)多段线；(e)样条曲线

3.4 修改类命令

3.4.1 "修剪"与"延伸"命令及应用

1. 修剪命令

(1)执行方式：

1)工具栏：单击"修改"工具栏中的"修剪"按钮 ✂️。

2)菜单栏：执行菜单栏"修改"→"修剪"命令。

3)命令行：输入"TRIM"(TR)。

(2)功能：修剪指定的对象，即删除对象的一部分。

(3)参数设置：

1)选择要修剪的对象：选中被修剪对象(称为被剪边)的被修剪部分，如果直接选取对象，即执行默认选项，那么 AutoCAD 会用修剪边把所选择对象上的选取部分修剪掉。

2)栏选(F)：选择方式参数中的栏选选择对象。

3)窗交(C)：选择方式参数中的窗交选择对象。

4)投影(P)：确定执行"修剪"命令的空间。执行该选项，AutoCAD 将提示：

无(N)/UCS(u)/视图(V)<当前空间>：

①无：表示按三维(不是投影)的方式修剪。显然该选项只对在空间相交的对象有效。

②UCS：在当前 UCS(用户坐标系)平面上修剪(默认项)，此时可在当前平面上按投影关系修剪。在三维空间中没有相交的对象。

③视图：在当前视图平面上修剪。

5)边(E)：该选项用来确定修建方式。执行该选项，AutoCAD 将提示：

延伸(E)/不延伸<不延伸>：

①延伸(E)：按延伸的方式修剪。如果修剪边太短，没有与被剪边相交，那么 AutoCAD 会假想将修剪边延长，然后进行修剪。

②不延伸：按非延伸的方式修剪。如果修剪边太短，没有与被剪边相交，那么 AutoCAD 不会进行修剪。

6)删除(R)：该选项可以直接将不需要的对象删掉，对留下的对象执行修剪操作。

7)放弃(U)：取消上一次操作。

提示：①AutoCAD 允许用直线(LINE)、圆弧(ARC)、圆(CIRCLE)、椭圆与椭圆弧(ELLIPSE)、多段线(PLINE)、样条曲线(SPLINE)、构造线(XLINE)、射线(RAY)等作为修剪边。用有宽度的多段线作修剪边时，沿其中心线修剪。

②AutoCAD 可以隐含修剪边，即在提示选取修剪边时，按空格键确定，AutoCAD 会自动确定修剪边，将所有对象当作修剪边。

③修剪边同时也可以作为被剪边。

④带有宽度的多段线作为被剪边时，修剪交点按中心线计算，并保留宽度信息，切口边界与多段线的中心线垂直。

【例 3.11】 修剪图 3.13(a)所示的五角星。
图 3.13(b)为修剪后的效果。

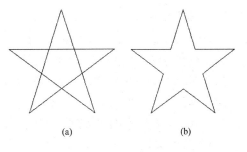

【绘制步骤】

命令：TRIM

当前设置：投影=UCS，边=无

选择剪切边…

选择对象或<全部选择>：总计 5 个

选择对象：

选择要修剪的对象，或按住 Shift 键选择

图 3.13　修剪图形
(a)原图；(b)修剪后的图

要延伸的对象，或[栏选(F)/窗交(C)/投影(P)/边(E)/删除(R)/放弃(U)]：

重复以上操作直至修剪完毕。

【例 3.12】 如图 3.14 所示，散水边缘线距离外墙 800，距离轴线 1 050。因此绘制散水时，只需将轴线向外偏移 1 050，然后剪切多余线段，再将散水线修改为预设的散水图层即可。

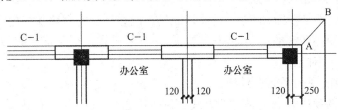

图 3.14　散水局部图

【绘制步骤】

命令：O✓ (运行绘制偏移命令)

指定偏移距离或[通过(T)删除(E)图层(L)]<通过>：1050✓　　　　　　(设置偏移距离)

选择要偏移的对象，或[推出(E)放弃(U)]<退出>：　　(选择右上角墙边缘处一根轴线)

指定要偏移的那一侧上的点，或[退出(E)多个(M)放弃(U)]<退出>：

　　　　　　　　　　　　　　　　　　　　　　　　　　　(偏移到墙体外侧)

选择要偏移的对象，或[退出(E)放弃(U)]<退出>：

　　　　　　　　　　　　　　　　　　　　　(选择右上角墙边缘处另一根轴线)

指定要偏移的那一侧上的点，或[退出(E)多个(M)放弃(U)]<退出>：

　　　　　　　　　　　　　　　　　　　　　　　　　　　(偏移到墙体外侧)

命令：tr✓　　　　　　　　　　　　　　　　　　　　　　　(运行剪切命令)

选择对象或<全部选择>：指定对角点：找个 2 个　　　　(选中偏移后两条相交轴线)

选择要修剪的对象，或按住 shift 键选择要延伸的兑现个，或

[栏选(F)窗交(C)投影(P)边(E)删除(R)放弃(U)]：　　　　(剪切第一条移动后轴线)

选择要修剪的对象，或按住 shift 键选择要延伸的对象，或

[栏选(F)窗交(C)投影(P)边(E)删除(R)放弃(U)]：　　　　(剪切第二条移动后轴线)

命令：L✓　　　　　　　　　　　　　　　　　　　　　(运行绘制直线命令)

LINE 指定第一个点：　　　　　　　　　　　　　　　　　　　　(A 点)

指定下一点或[放弃(U)]：　　　　　　　　　　　　　　　　　　(B 点)

命令：ch✓　　　　　　　　　　　　　　　(运行属性管理器，修改散水线图层)

2."延伸"命令

(1)执行方式：

1)工具栏：单击"修改"工具栏中的"延伸"按钮 →｜ 。

2)菜单栏：执行菜单栏"修改"→"延伸"命令。

3)命令行：输入"EXTEND"(EX)。

(2)功能：延长指定的对象，使其到达图中选定的边界(又称为边界边)。

(3)参数设置：

1)选择要延伸的对象：选择延伸边，为默认项。若直接选取对象，即执行默认项，AutoCAD 会把该对象延长到指定的边界边。

2)栏选(F)：选择方式参数中的栏选选择对象。

3)窗交(C)：选择方式参数中的窗交选择对象。

4)投影(P)：该选项用来确定执行延伸的空间。执行该选项，AutoCAD 将会提示：

无(N)/UCS(u)/视图(V)<UCS>：

①无：按三维(不是投影)的方式延伸，即只有能够相交的对象才能延伸。

②UCS：在当前 UCS 平面上延伸(默认项)，此时可在当前平面上按投影关系延伸在三维空间中不能相交的对象。

③视图：在当前视图平面上延伸。

5)边(E)：该选项用来确定延伸的方式。执行该选项，AutoCAD 将提示：

延伸(E)/不延伸(N)<延伸>：

①延伸：如果边界边太短、延伸边延伸后不能与其相交，AutoCAD 会假想将边界边延长，使延伸边伸长到与其相交的位置。

②不延伸：按边的实际位置进行延伸。如果边界边太短、延伸边延伸后不能与其相交，AutoCAD 将不能执行延伸操作。

6)放弃(U)：该选项用来取消上一次的操作。

提示：①AutoCAD 允许用直线(LINE)、圆弧(ARC)、圆(CIRCLE)、椭圆与椭圆弧(ELLIPSE)、多段线(PLINE)、样条曲线(SPLINE)、构造线(XLINE)、射线(RAY)等作为边界边。用有宽度的多段线作边界边时，其中心线为实际的边界边。

②对于多段线，只有不封闭的多段线可以延伸。如果要延伸一条封闭的多段线，AutoCAD 将会提示"无法延伸该对象"。对于有宽度的直线段与圆弧段，按原倾斜度延长，如果延长后其末端的宽度要出现负值，则该端的宽度会改为零。

【例 3.13】 对图 3.15(a)所示的图形进行延伸。图 3.15(b)所示为图形延伸后的效果。

【绘制步骤】

命令：EXTEND

当前设置：投影=UCS，边=无

选择边界的边…

选择对象或<全部选择>：找到 3 个

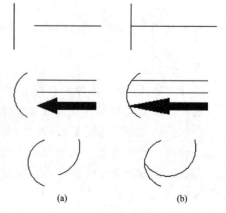

(a)　　　　(b)

图 3.15 图形对象的延伸

(a)原图；(b)延伸后的图

选择对象：

选择要延伸的对象，或按住 Shift 键选择要修剪的对象，或[栏选(F)/窗交(C)/投影(P)/边(E)/放弃(U)]：

重复以上操作直至延伸完毕。

3.4.2 "打断"命令

(1)执行方式：

1)工具栏：单击"修改"工具栏中的"打断"按钮凸。

2)菜单栏：执行菜单栏"修改"→"打断"命令。

3)命令行：输入"BREAK"(BR)。

(2)功能：将对象按指定的方式打断。

(3)参数设置：

1)指定第二个打断点：

①若直接选择对象上一点，则将对象上所取的两个点之间的那部分对象删除。

②若输入"@"，则将对象在选取点处一分为二。

③若在对象外面的一端方向处选择，则把两个点之间的那部分对象删除。

2)若输入 F，AutoCAD 将会提示：

指定第一个打断点：

即重新选取第一点，选择后 AutoCAD 将提示：

指定第二个打断点：

在此提示下，可以按照前面介绍的三种方法执行。

提示：对圆执行"打断"命令可得到一段圆弧，AutoCAD 将圆上从第一个选取点到第二个选取点之间的逆时针方向的圆弧删除掉。

【例 3.14】 对图 3.16(a)所示的图形进行打断。图 3.16(b)所示为打断后的效果。

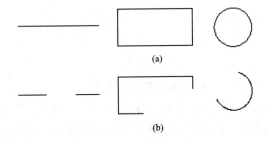

图 3.16 图形对象的打断

(a)原图；(b)打断后的图

【绘制步骤】

命令：BREAK

选择对象：

指定第二个打断点或[第一点(F)]：

三个图形命令执行方式相同。

3.4.3 "拉伸"与"拉长"命令

1."拉伸"命令

（1）执行方式：

1）工具栏：单击"修改"工具栏中的"拉伸"按钮 。

2）菜单栏：执行菜单栏"修改"→"拉伸"命令。

3）命令行：输入"STRETCH"（S）。

（2）功能："拉伸"命令与"移动"命令类似，可以移动指定的一部分图形。但用"拉伸"命令移动图形时，这部分图形与其他图形的连接元素，如线（LINE）、圆弧（ARC）、等宽线（TRACE）、多段线（PLINE）等，将受到拉伸或压缩，而"移动"命令不会更改图形元素之间的关系。

【例 3.15】 对图 3.17（a）所示的图形进行拉伸。命令执行结果如图 3.17（b）所示。

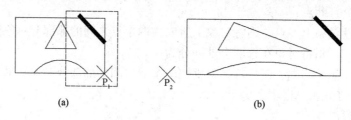

（a）　　　　　　　　　　　　　　　　（b）

图 3.17　图形对象的拉伸

（a）原图；（b）拉伸后的图

【绘制步骤】

命令：STRETCH

以交叉窗口或交叉多边形选择要拉伸的对象…

选择对象：c

指定第一个角点：指定对角点：

选择对象：

指定基点或[位移(D)]<位移>：P_1

指定第二个点或<使用第一个点作为位移>：P_2

提示： 在选取对象时，对于由直线（LINE）、圆弧（ARC）、等宽线（TRACE）、区域填充（SOLID）和多段线（PLINE）等命令绘制的直线段或圆弧段，若其整个均在选取窗口内，则执行的结果是对其进行移动。若其一端在选取窗口内，另一端在选取窗口外，则有以下拉伸规则：

（1）直线（LINE）：窗口外的端点不动、窗口内的端点移动，直线由此改变。

（2）圆弧（ARC）：与直线类似，但在圆弧改变的过程中，圆弧的弦高保持不变，由此来改变圆心的位置和圆弧起始角、终止角的值。

（3）等宽线（TRACE）、区域填充（SOLID）：窗口外的端点不动、窗口内的端点移动，由此改变图形。

（4）多段线（PLINE）：与直线或圆弧相似，但多段线的两端宽度、切线方向及曲线拟合信息都不改变。

(5)对于其他对象,如果其定义点位于选取窗口内,则对象移动,否则不动。各类对象的定义点如下:

1)圆:定义点为圆心。

2)形和块:定义点为插入点。

3)文字和属性定义:定义点为字符串的基线左端点。

2."拉长"命令

(1)执行方式:

1)菜单栏:执行菜单栏"修改"→"拉长"命令。

2)命令行:输入"LENGTHEN"(LEN)。

(2)功能:改变直线或圆弧的长度。

(3)参数设置:

1)选择对象:该项为默认项。直接选取某条直线或圆弧,即执行该选项,AutoCAD 会显示出它的长度和中心角(对于圆弧而言)。

2)增量(DE):该选项用来改变圆弧的长度。执行此选项,AutoCAD 将提示:

输入长度增量或[角度(A)]<0.0000>:

①输入长度增量,该项为默认项。若直接输入一数值,即执行默认项,则该数值为弧长的增量。操作后,AutoCAD 将提示:

选择要修改的对象或[放弃(U)]:

执行结果:所选圆弧按指定的弧长增量在离拾取点近的一端变长或变短,且长度增量为正值时圆弧变长;长度增量为负值时圆弧变短(注:该项只适用于圆弧)。

②角度(A)。以角度的方式改变弧长。执行该选项,AutoCAD 将提示:

输入角度增量<0>:

选择要修改的对象或[放弃(U)]:

执行结果:所选圆弧按指定的角度增量在离拾取点近的一端变长或变短,且角度增量为正值时圆弧变长;角度增量为负值时圆弧变短。

3)百分比(P):按照对象总长度的指定百分比数设置对象长度,改变圆弧或直线的长度。

执行结果:所选圆弧或直线在离拾取点近的一端按指定的比例变长或变短。

4)总长(T):选择该项可通过输入直线或圆弧的新长度来改变长度。执行该选项,AutoCAD 将提示:

角度(A)/<输入总长度(1.0000)>:

①角度(A):用来确定圆弧的新角度,该项只适用于圆弧。执行该选项,AutoCAD 将提示:

输入总角度<0>:

<选择要修改的对象>/放弃(U):

执行结果:所选圆弧在离拾取点近的一端按指定的角度变长或变短。

②输入总长度:该项为默认项。若直接输入一个数值,即执行默认项,那么该值为直线或圆弧的新长度。执行后,AutoCAD 将提示:

<选择要修改的对象>/放弃(U):

执行结果：所选直线或圆弧在离拾取点近的一端按指定的长度变长或变短。

5)动态（DY）：该选项用来动态地改变圆弧或直线的长度。执行该项，AutoCAD 将提示：

<选择要修改的对象>/放弃(U)：

此时选取对象，然后通过拖动鼠标就可以动态地改变圆弧或直线的端点位置，即改变圆弧或直线的长度，然后按前面介绍的操作进行即可。

【例 3.16】 对图 3.18(a)所示的图形进行拉长。执行结果如图 3.18(b)所示。

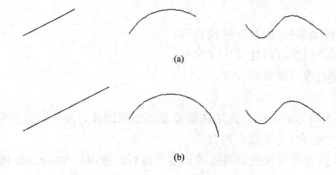

图 3.18 图形对象的拉长

(a)原图；(b)拉长后的图

【绘制步骤】

命令：LENGTHEN
选择对象或[增量(DE)/百分数(P)/全部(T)/动态(DY)]：
当前长度：
选择对象或[增量(DE)/百分数(P)/全部(T)/动态(DY)]：de
输入长度增量或[角度(A)]<0.0000>：
选择要修改的对象或[放弃(U)]：
选择要修改的对象或[放弃(U)]：
选择要修改的对象或[放弃(U)]：
无法拉长此对象。
选择要修改的对象或[放弃(U)]：

在此操作中可以看到，图形对象除"直线"和"圆弧"外，其他对象无法拉长。

3.4.4 "倒角"与"倒圆角"命令

1."倒角"命令

(1)执行方式：

1)工具栏：单击"修改"工具栏中的"倒角"按钮 。

2)菜单栏：执行菜单栏"修改"→"倒角"命令。

3)命令行：输入"CHAMFER"(CHA)。

(2)功能：对两条直线形成的角按指定的距离倒角。

(3)参数设置：

1)放弃(U)：取消上一次操作。

2)多段线（P）：执行该命令，AutoCAD 将对二维多段线倒角，此时 AutoCAD 将提示：

选择二维多段线：

在此提示下选取二维多段线，AutoCAD 则按照指定的倒角距离在该多段线各顶点处倒角。对于封闭多段线，应该一个角一个角地处理，因为"倒角"命令将其各转折处均看成是连续的，故每一转折处均进行倒角。如果不用"闭合"项来封闭多段线，虽然外表看起来都一样，但"倒角"命令却把终结处看成是断点而不予修改。

3)距离（D）：该选项用来确定倒角的两个距离。执行该命令，AutoCAD 将提示：

指定第一个倒角距离<0.0000>：

指定第二个倒角距离<0.0000>：

即要求输入倒角的两个距离值。执行操作后，AutoCAD 结束该命令的执行，返回到"命令"状态。若进行倒角操作，则需再次执行"倒角"命令。

4)角度（A）：在此提示下输入一个角度，则按这个角度进行倒角，而不按设定的距离倒角。

5)修剪（T）：该选项用来确定倒角时的修剪方式。若选取该项，AutoCAD 将提示：

修剪（T）/不修剪（N）<缺省项>：

"修剪"表示在倒角的同时对相应的两条线作修剪；"不修剪"则表示不进行修剪。如图 3.19 所示，其中，图 3.19(a)所示为修剪模式；图 3.19(b)所示为不修剪模式。

6)方式（E）：该选项用来确定倒角的方式。若选取该项，AutoCAD 将提示：

输入修剪方法[距离（D）/角度（A）]<距离>：

7)多个（M）：该选项可以定义多次倒角命令。

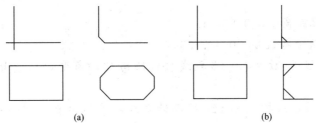

(a)   (b)

图 3.19　倒角对象的不同修剪模式

(a)修剪模式；(b)不修剪模式

提示：①倒角对象不同，倒角后的效果也不同。

②若倒角的距离太大，AutoCAD 会提示"距离太大，无效"。

③对相交线倒角时，AutoCAD 总是保留所选取的那部分对象。

【例 3.17】　对图 3.20(a)所示的图形进行倒角。倒角命令的执行结果如图 3.20(b)所示。

【绘制步骤】

(1)对矩形执行"倒角"命令。

命令：CHAMFER

选择第一条直线或[放弃（U）/多段线（P）/距离（D）/角度（A）/修剪（T）/方式（E）/多个（M）]：d

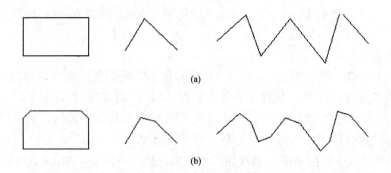

图 3.20　图形对象的倒角

(a)原图；(b)倒角后的图形

指定第一个倒角距离<0.0000>：10

指定第二个倒角距离<10.0000>：

选择第一条直线或[放弃(U)/多段线(P)/距离(D)/角度(A)/修剪(T)/方式(E)/多个(M)]：

选择第二条直线，或按住 Shift 键选择直线以应用角点或[距离(D)/角度(A)/方法(M)]：

(2)对直线形成的角设定不同距离倒角。

命令：CHAMFER

选择第一条直线或[放弃(U)/多段线(P)/距离(D)/角度(A)/修剪(T)/方式(E)/多个(M)]：d

指定第一个倒角距离<10.0000>：

指定第二个倒角距离<10.0000>：20

选择第一条直线或[放弃(U)/多段线(P)/距离(D)/角度(A)/修剪(T)/方式(E)/多个(M)]：

选择第二条直线，或按住 Shift 键选择直线以应用角点或[距离(D)/角度(A)/方法(M)]：

(3)对多段线执行"倒角"命令。

命令：CHAMFER

当前倒角距离 1=10.0000，距离 2=20.0000

选择第一条直线或[放弃(U)/多段线(P)/距离(D)/角度(A)/修剪(T)/方式(E)/多个(M)]：p

选择二维多段线或[距离(D)/角度(A)/方法(M)]：　　　　　　　(5 条直线已被倒角)

2. 圆角

(1)执行方式：

1)工具栏：单击"修改"工具栏中的"圆角"按钮。

2)菜单栏：执行菜单栏"修改"→"圆角"命令。

3)功能区：单击"默认"选项卡"修改"面板中的"圆角"按钮■。

4)命令行：输入"FILLET"后按 Enter 键。

(2)功能：圆角命令是指用一条指定直径的圆弧平滑连接两个对象。该命令可以平滑连接一对直线段、非圆弧的多段线段、样条曲线、双向无限长线、射线、圆、圆弧和椭圆，并且可以平滑连接多段线的每个节点。

(3)操作格式：按上述任意一种方式操作后，绘图区出现▣图标，命令输入行如下所示：

命令：_ fillet

当前设置：模式=修剪，半径=0.0000

选择第一个对象或[放弃(U)/多段线(P)/半径(R)/修剪(T)/多个(M)]:

(4)参数设置：

1)"选择第一个对象"选项：选择定义二维圆角所需的两个对象中的第一个对象。如果使用的是三维模型，也可以选择三维实体的边。

2)"放弃(U)"选项：恢复在命令中执行的上一个操作。

3)"多段线(P)"选项：在二维多段线中，两条直线段相交的每个顶点处插入圆角圆弧，其倒角的半径可以使用默认值，也可用"半径(R)"选项进行设置，还可以在指定此选项之前，通过选择多段线线段为开放多段线的端点创建圆角。在命令行中输入"P"后按 Enter 键，命令输入行中提示如下：

选择二维多段线或[半径(R)]:

如果一条圆弧段将汇聚于该圆弧段的两条直线段分开，则执行"FILLET"命令将删除该圆弧段并以圆角圆弧代之。

4)"半径(R)"选项：定义圆角圆弧的半径。输入的值将成为后续"FILLET"命令的当前半径。修改此值并不影响现有的圆角圆弧。

指定圆角半径<0.0000> : 30↙

选择第一个对象或[放弃(U)/多段线(P)/半径(R)/修剪(T)/多个(M)]: ↙

选择第二个对象，或按住< Shift>键选择对象以应用角点或[半径(R)]:

5)"修剪(T)"选项：控制"FILLET"命令是否将选定的边修剪到圆角圆弧的端点。

6)"多个(M)"选项。给多个对象集加圆角。

【例 3.18】 用"圆角"命令的"多段线"选项对图 3.21(a)所示的多段线倒圆角，半径R=10，其结果是所有的角均被倒圆，如图 3.21(b)所示。

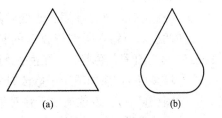

图 3.21 图形倒圆角
(a)原图；(b)倒角后的图形

【绘制步骤】

(1)在菜单栏中选择"修改"→"圆角"命令。

(2)提示默认裁剪模式："当前设置：模式=修剪，半径=0.0000"。

(3)提示"选择第一个对象或[放弃(U)/多段线(P)/半径(R)/修剪(T)/多个(M)]:"，输入"R"后按 Enter 键。

(4)提示"指定圆角半径<0.0000> :"，输入"10"后按 Enter 键。

(5)提示"选择第一个对象或[放弃(U)/多段线(P)/半径(R)/修剪(T)/多个(M)]:"，输入"P"后按 Enter 键。

(6)提示"选择二维多段线:"，选择三角形。

(7)提示"2 条直线已被圆角"，按 Enter 键结束命令。

3.4.5 "修改"命令

(1)执行方式：

命令栏：输入"CHANGE"。

(2)功能：用修改点和修改性质的方式，修改已有的图形对象。

(3)操作方法：

1)指定修改点。修改点即修改对象的特殊点，该选项可以对线、圆、文字、块等进行修改。

①修改圆。

指定新的圆半径<不修改>：

执行结果：圆心不动，圆的大小改变。

②修改文字。

命令：CHANGE

选择对象：

选择对象：指定修改点或[特性(P)]：

输入新文字样式<Standard>：　　　　(输入新的文字样式或按回车键表示无修改)

指定新高度：

指定新的旋转角度：

输入新文字：

执行结果：如图 3.22 所示，将文字的定义点改为 P 点且绕 P 点旋转-15°。

由上面的执行过程可以看出，可以重选文字样式、字高，重新设置文字行的倾斜角度和文字内容。

2)指定[特性(P)]参数。

参数设置：

图 3.22　修改文字的效果

①颜色(C)：该选项用于改变对象的颜色。

在此提示下输入所希望改变的颜色的颜色号即可。注意真彩色是从 1→7 号，配色从 8→255 号。真彩色色号：1 红色、2 黄色、3 绿色、4 青色、5 蓝色、6 紫色、7 白色。

②标高(E)：该选项用于修改对象的高度。

③图层(LA)：该选项用于将对象从当前层改变到其他层上。

执行此选项时，所指定的层必须存在，否则 AutoCAD 将提示：

找不到图层"1"。

输入新图层名<0>：

④线型(LT)：该选项用于改变对象的线型。

⑤线型比例(S)：该选项用于改变线型比例。

⑥线宽(LW)：该选项用于改变对象线宽。

⑦厚度(T)：该选项用于改变对象的厚度。

⑧透明度(TR)：该选项用于改变对象颜色的深浅，参数在 0～90 之间，数值越大，对象显示颜色越浅。

【例3.19】 将图3.23(a)中的图形对象修改成三维图形。

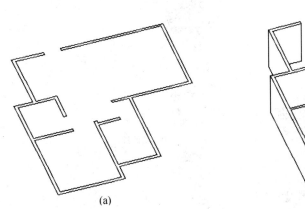 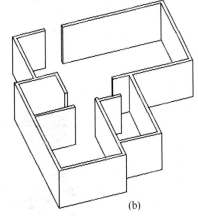

(a)　　　　　　　　　　　　　　　　(b)

图3.23　修改图形对象

(a)修改前；(b)修改后

【绘制步骤】

命令：CHANGE

选择对象：指定对角点：找到1个

选择对象：

指定修改点或[特性(P)]：p

输入要更改的特性[颜色(C)/标高(E)/图层(LA)/线型(LT)/线型比例(S)/线宽(LW)/厚度(T)/透明度(TR)/材质(M)/注释性(A)]：t

指定新厚度<0.0000>：3600

输入要更改的特性[颜色(C)/标高(E)/图层(LA)/线型(LT)/线型比例(S)/线宽(LW)/厚度(T)/透明度(TR)/材质(M)/注释性(A)]：

命令：VPOINT

当前视图方向：VIEWDIR=0.0000,0.0000,1.0000

指定视点或[旋转(R)]<显示指南针和三轴架>：

正在重生成模型。

3.5　其他形式命令

3.5.1　"移动"命令

(1)执行方式：

1)工具栏：单击"修改"工具栏中的"移动"按钮✜。

2)菜单栏：执行菜单栏"修改"→"移动"命令。

3)命令行：输入"MOVE"(M)。

(2)功能：将指定的对象移到指定的位置，而不改变图形对象其他的特性。

【例3.20】 将现有的图形移动到指定的位置，如图3.24所示。

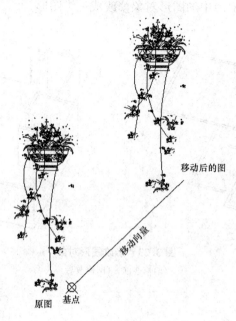

移动后的图

移动向量

基点

原图

图 3.24　图形的移动

【绘制步骤】

命令：MOVE

选择对象：指定对角点：找到 2612 个

选择对象：

指定基点或［位移(D)］<位移>：

指定第二个点或<使用第一个点作为位移>：

3.5.2　"缩放"命令

(1)执行方式：

1)工具栏：单击"修改"工具栏中的"缩放"按钮🔲。

2)菜单栏：执行菜单栏"修改"→"缩放"命令。

3)命令行：输入"SCALE"(SC)。

(2)功能：将对象按照指定的比例因子相对于指定的基点放大或缩小。

(3)参数设置：

1)比例因子：该项为默认项。若直接输入比例因子，即执行此项，AutoCAD 将把所选对象按该比例因子相对于基点进行缩放，且比例因子小于 1 时缩小，比例因子大于 1 时放大。

2)复制(C)：保留原来的图形，将放大或缩小后的图形与原图形同时显示。

3)参照(R)：该选项表示将所选对象按参考比例缩放。

AutoCAD 会根据参考长度的值与新的长度值自动计算缩放系数，即新长度/参照长度得出的倍数为缩放系数，然后进行相应的缩放。

【例 3.21】　将图 3.25(a)所示图形按照指定的比例因子进行缩放。

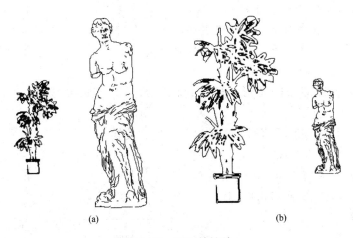

(a)   (b)

图3.25　图形的缩放

(a)缩放前；(b)缩放后

【绘制步骤】

(1)放大图形。

命令：SCALE

选择对象：w

指定第一个角点：指定对角点：找到1026个　　　　　　　　　　　　　　(选定植物)

选择对象：

指定基点：　　　　　　　　　　　　　　　　　　　　　　　　　　　　　(鼠标选取)

指定比例因子或[复制(C)/参照(R)]：2　　　　　　　　(将原来的图形放大一倍)

(2)缩小图形。

命令：SCALE

选择对象：w

指定第一个角点：指定对角点：找到1301个　　　　　　　　　　　　　　(选定雕塑)

选择对象：

指定基点：　　　　　　　　　　　　　　　　　　　　　　　　　　　　　(鼠标选取)

指定比例因子或[复制(C)/参照(R)]：0.5　　　　　　(将图形缩小为原来的1/2)

本例中要将植物放大一倍，将雕塑缩小一半。操作后的图形如图3.25(b)所示。

3.5.3　"旋转"命令

(1)执行方式：

1)工具栏：单击"修改"工具栏中的"旋转"按钮⟳。

2)菜单栏：执行菜单栏"修改"→"旋转"命令。

3)命令行：输入"ROTATE"(RO)。

(2)功能：将所选对象绕指定点(称为旋转基点)旋转指定的角度。

(3)参数设置：

1)旋转角度：若直接输入一个角度值，即执行默认项，AutoCAD将所选对象绕指定的基点按该角度转动，且角度为正时对象将按逆时针旋转；反之则按顺时针旋转。

提示：可以用拖动的方式确定角度值。在"<*旋转角度*> /参照 (R) :"提示下拖动鼠标光标，从基点到光标位置会引出一条橡皮筋线，该线方向与水平方向右方向之间的夹角即为要转动的角度，同时所选对象会按照此角度动态地转动。当通过拖动鼠标光标使对象转到所需位置后，按鼠标左键可实现旋转。

2）复制(C)：保留原来的图形，显示旋转后的图形与原图形，同时执行复制与旋转操作。

3）参照(R)：该选项表示将所选对象以参考方式旋转。

【例3.22】 在图 3.26(a)中，已知直线 AB 与直线 AC 的夹角为 45°，绕点 A 旋转 AB 线，使其与 AC 线成 17°的夹角。

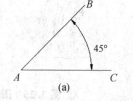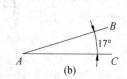

图 3.26 旋转直线

(a)原图；(b)修改后的图

【绘制步骤】

命令：ROTATE

UCS 当前的正角方向：ANGDIR＝逆时针 ANGBASE＝0

选择对象：找到 1 个

选择对象：

指定基点：

指定旋转角度，或[复制(C)/参照(R)]<17> : r

指定参照角<0> : 45

指定新角度或[点(P)]<0> : 17

【例3.23】 把图 3.27(a)所示的图形进行旋转。操作后的图形如图 3.27(b)所示。

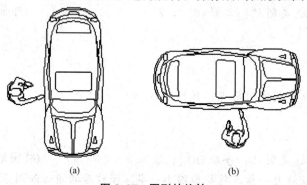

(a)   (b)

图 3.27 图形的旋转

(a)原图；(b)旋转后

【绘制步骤】

命令：ROTATE

UCS 当前的正角方向：ANGDIR＝逆时针 ANGBASE＝0

选择对象：w

指定第一个角点：指定对角点：找到 208 个

选择对象：

指定基点：

指定旋转角度，或[复制(C)/参照(R)]<0> : 90

本例操作把图形旋转 90°，由于图形有很多元素，因此使用 W 参数来选择图形对象。

3.5.4 "多段线编辑"命令

(1)执行方式:

1)工具栏:单击"修改Ⅱ"工具栏中的"编辑多段线"按钮 ✍。

2)菜单栏:执行菜单栏"修改"→"对象"→"多段线"命令。

3)命令行:输入"PEDIT"(PE)。

(2)功能:编辑和修改多段线。

(3)参数设置:

1)闭合(C):连接第一条与最后一条线段从而创建闭合的多段线。除非使用选项"闭合"来闭合多段线,否则 AutoCAD 将会认为它是打开的。

2)合并(J):将直线、圆弧或多段线添加到开放的多段线端点并删除曲线拟合多段线的曲线拟合。对于合并到多段线的对象,除非第一次多段线编辑提示出现时使用"多选"选项,否则它们的端点必须重合。在这种情况下,如果模糊距离设置得足以包括端点,则可以将不相接的多段线合并。

3)宽度(W):指定整条多段线新的宽度。

4)编辑顶点(E):对多段线的顶点进行编辑。

①下一个(N):下一个顶点。

②上一个(P):上一个顶点。

③打断(B):打断多段线。

④插入(I):插入一个新的顶点。

⑤移动(M):移动该顶点。

⑥重生成(R):重新生成图形。

⑦拉直(S):把该顶点处拉成直线。

⑧切向(T):指定该顶点的切线方向,并显示切线。

⑨宽度(W):指定该顶点到下一个顶点间线段的宽度。

⑩退出(X):退出顶点编辑。

5)拟合(F):用一般数学方法把直线式多段线拟合成曲线。

6)样条曲线(S):用样条曲线拟合方法把直线式多段线拟合成样条曲线。

7)非曲线化(D):把曲线式多段线改变成直线式多段线。

8)线型生成(L):打开或关闭多段线的线型。

9)反转(R):用于改变多段线上的顶点顺序。

10)放弃(U):放弃操作,可一直返回到多段线编辑的开始状态。

提示:如果选定的对象是直线或圆弧,则 AutoCAD 将提示:

选定的对象不是多段线。是否将其转换为多段线?<Y>:

可输入 Y 或 N,或按确定键。如果输入 Y,则对象被转换为可编辑的单段二维多段线。

【例3.24】 编辑如图 3.28(a)所示的多段线。

【绘制步骤】

命令:PEDIT

选择多段线或[多条(M)]:

输入选项[闭合(C)/合并(J)/宽度(W)/编辑顶点(E)/拟合(F)/样条曲线(S)/非曲线化

(D)/线型生成(L)/反转(R)/放弃(U)]：f

输入选项[闭合(C)/合并(J)/宽度(W)/编辑顶点(E)/拟合(F)/样条曲线(S)/非曲线化
(D)/线型生成(L)/反转(R)/放弃(U)]：w

指定所有线段的新宽度：0.6

输入选项[闭合(C)/合并(J)/宽度(W)/编辑顶点(E)/拟合(F)/样条曲线(S)/非曲线化
(D)/线型生成(L)/反转(R)/放弃(U)]：

本例操作后的图形如图3.28(b)所示。

【操作步骤】

命令：PEDIT

选择多段线或[多条(M)]：

输入选项[闭合(C)/合并(J)/宽度(W)/编辑顶点(E)/拟合(F)/样条曲线(S)/非曲线化
(D)/线型生成(L)/反转(R)/放弃(U)]：s

输入选项[闭合(C)/合并(J)/宽度(W)/编辑顶点(E)/拟合(F)/样条曲线(S)/非曲线化
(D)/线型生成(L)/反转(R)/放弃(U)]：w

指定所有线段的新宽度：0.1

输入选项[闭合(C)/合并(J)/宽度(W)/编辑顶点(E)/拟合(F)/样条曲线(S)/非曲线化
(D)/线型生成(L)/反转(R)/放弃(U)]：

本例操作后的图形如图3.28(c)所示。

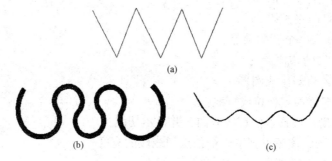

图3.28　多段线的编辑

(a)原图；(b)、(c)操作后的效果

3.5.5　"复制""剪切"及"粘贴"命令

1."复制"命令

(1)执行方式：

1)菜单栏：执行菜单栏"编辑"→"复制"命令。

2)命令行：输入"COPYCLIP"。

3)快捷键：Ctrl+C。

(2)功能：将指定的对象复制到剪贴板上。

2."剪切"命令

(1)执行方式：

1)菜单栏：执行菜单栏"编辑"→"剪切"命令。

2)命令行：输入"CUTCLIP"。

3)快捷键：Ctrl+X。

（2）功能：与复制对象到剪贴板的操作不同的是，被剪切复制的对象放到剪切板上后，将从原图上删除。

3."粘贴"命令

（1）执行方式：

1)菜单栏：执行菜单栏"编辑"→"粘贴"命令。

2)命令行：输入"PASTECLIP"。

3)快捷键：Ctrl+V

（2）功能：将剪贴板上的对象按指定比例粘贴到指定位置。

【例3.25】 把图3.29(a)中的图形复制粘贴到图3.29(c)中，把图3.29(b)中的图形剪切粘贴到图3.29(c)中。操作完成后如图3.29(c)所示，而图3.29(b)中是空白。

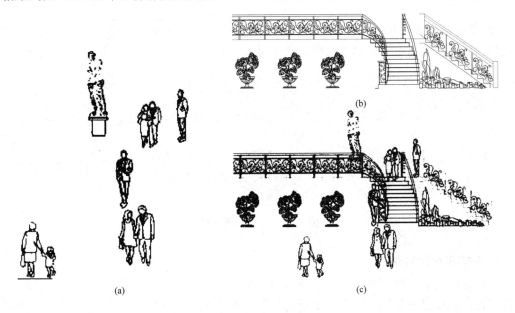

图3.29 例3.25图

3.6 建筑装饰配景的绘制

建筑及装饰配景在建筑绘图中有很重要的作用，一幅建筑图往往需要建筑配景来烘托。因此，建筑配景设计很重要。

3.6.1 建筑配景平面图绘制

1. 植物平面的绘制

平面植物在建筑平面图上应用较多，因为平面植物是投影以后的图形，有一定的对称性，所以手工绘图时有一定的难度，但是用计算机来绘制却十分简单，因为在计算机上可以使用相应的一些编辑命令快速完成绘制，而且效果很好。

【例 3.26】 绘制植物平面图。

【绘制步骤】

(1)先画一个辅助圆，再把辅助圆分成若干等份，在其中的一份中画平面苗圃的一部分，然后使用阵列(旋转)复制的方法复制图形，可以得到很丰富的平面苗圃图。用分解的方法来绘制平面苗圃图，如图 3.30 所示。

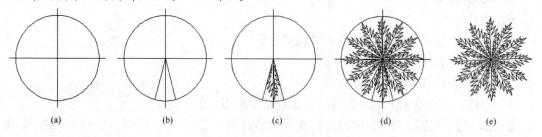

图 3.30　平面苗圃实例绘制

(2)平面苗圃的这种画法，可以用于画平面环形图案，只要把苗圃图形换成图案图形，通过阵列(旋转)复制之后，都可以得到满意的图形。常见的苗圃图例如图 3.31 所示。

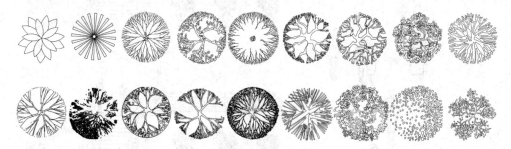

图 3.31　平面苗圃图例

2. 车辆平面的绘制

在建筑图纸上，经常使用车辆作为建筑配景。因此，车辆的绘制尤为重要。车辆的形式有多种，主要是车辆的平面图。车辆的绘制要非常细致，才能有较好的效果。在建筑图的插入中对图形进行放大或缩小操作，可能会影响到图形的效果。

【例 3.27】 用分解的方法来绘制车辆的平面图。其结果如图 3.32 所示。

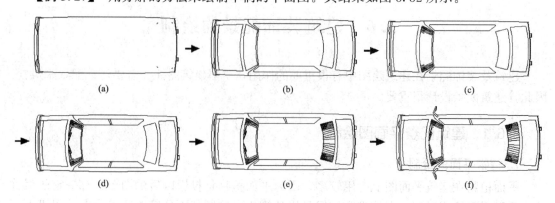

图 3.32　车辆平面图的绘制

(a)画外轮廓；(b)画车窗、车门、车顶的投影；(c)画前窗阴影；(d)画前雨刷；(e)画后窗阴影；(f)画后视镜

【操作步骤】

(1)画车的外轮廓线,并修改成形。

(2)画车窗、车门、车顶的平面投影。

(3)画前窗的阴影。

(4)画前窗的雨刷。

(5)画后窗的阴影。

(6)最后画车的后视镜,完成车的全部绘制。

3.6.2 建筑配景立面图绘制

1. 树的立面图绘制

树木是建筑配景中出现最多的图案,因为其形体美观,能够较好地渲染气氛,丰富图形画面,给画面添加适当的生动性,且能够表现建筑的高度等一系列关系,所以被广泛地应用于建筑配景中。由于树的生长形式是从树干向外延伸,所以在绘制图形时也要从树干开始画。绘制树木主要分为三步:第一步画树干;第二步画树冠;第三步画树叶。如果具备一定的美术功底,那么在绘制图形中也会灵活自如。

(1)树干的画法。画树干的过程中,主要是使用直线命令。用直线命令画树的主干、树枝,方法就是用连续线段来画图。树干上的阴影可以用直线来绘制。有的主干和支干可能是曲线,这些曲线也可以用直线命令来画,因为直线命令可以连续绘制,当直线段画得较短又连续时可以表现出曲线的效果,这就是"以直代曲"的方法。

【例 3.28】 用直线命令绘制树干。

图 3.33 是用直线命令来画的树干和树枝。绘图过程中注意树干和树枝的基本比例要协调,树皮上的阴影和纹路可以自由发挥。

有的树比较特别,如椰子树、竹子等的主干可以用圆弧命令来画,树干上的阴影也用圆弧来画,如图 3.34 所示。

图 3.33　树干绘制实例　　　　　　　　图 3.34　用圆弧画树干

(2)树叶的画法。在计算机绘图中画树叶,一般是先画一簇,再通过复制命令来完成剩下的图形。由于树的种类不同,因此树叶的画法也不一致,可以用直线、圆、椭圆、弧等命令来完成图形绘制。

【例 3.29】 用圆、椭圆、直线等命令绘制树叶（如图 3.35 所示，详细步骤略）。

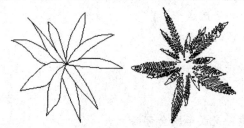

图 3.35　树叶的画法

（3）树冠的画法。树冠是一棵树总体的形态，其主要是通过树叶来体现。树叶主要生长在树枝上，有的浓密一些，有的稀疏一些。由于阳光的照射，有的树叶还有阴影，这些都应该在图形中表现出来。具体的画法是先画好树干和树枝，然后根据树型画一簇树叶，再用复制命令把剩下的图形画完就可以了。

【例 3.30】 用图 3.35 中的树叶给图 3.33 中的树干画上树冠（如图 3.36 所示，详细步骤略）。

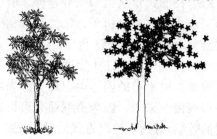

图 3.36　树冠的画法

2. 车辆的立面图绘制

车辆的立面图主要有正立面图、后立面图、侧立面图，以满足不同建筑图纸的需要。

车辆的绘制中要用到多种绘图命令，同时也要用到多种图形编辑命令。我们用具体的例子来说明车辆立面图的绘制方法。

【例 3.31】 用分解的方法来绘制车辆的侧立面图，如图 3.37 所示。

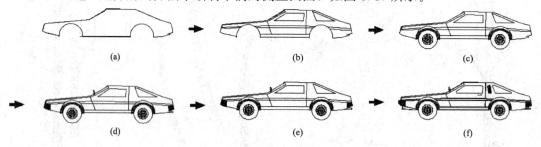

(a)　　　　　　　　　(b)　　　　　　　　　(c)

(d)　　　　　　　　　(e)　　　　　　　　　(f)

图 3.37　车辆侧立面图的绘制

(a)画外轮廓；(b)画外形；(c)画车轮；(d)画前灯及保险杠；(e)画雨刷；(f)修改外形

【操作步骤】

（1）画车的外轮廓线，并修改成形。

（2）画车立面外形，并修改成形。

（3）画车轮及其立面投影。

(4)画车的前灯、保险杠、排气筒及其阴影。

(5)画窗的雨刷。

(6)最后修改图形完成车的全部绘制。

有了建筑配景的绘制知识，可以分门别类地绘制建筑配景图，组成建筑配景图库，再画其他的建筑图时就可以使用图库减少画图的时间。建筑配景图库内的图越多，应用起来就越方便。可以根据自己的实际情况绘制建筑配景图，建立自己的建筑配景图库。

 实训

【实训 1】 绘制紫荆花，其结果如图 3.38 所示。

图 3.38 紫荆花

实训要求：

(1)利用"多线段"和"圆弧"命令绘制花瓣外框。

(2)利用"多边形""直线""修剪"等绘制五角星。

(3)阵列花瓣。

【实训 2】 绘制阶梯轴如图 3.39 所示。

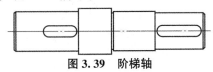

图 3.39 阶梯轴

实训要求：

(1)利用"直线"命令绘制中心线和定位直线。

(2)利用"修剪""倒角""镜像""偏移"命令绘制轴外形。

(3)利用"圆""直线""修剪"命令继续绘制键槽。

【实训 3】 用绘图命令结合编辑命令绘制如图 3.40 所示的车辆配景图。

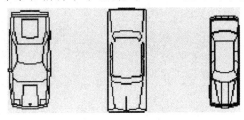

图 3.40 车辆配景

实训要求：

(1)利用"直线""弧线"命令绘制外轮廓。

(2)利用"修剪""偏移"命令修剪轮廓。

(3)利用"镜像"命令对左部结构进行镜像。

本章小结

图形绘制完毕后，经常要进行复审，找出疏漏或根据变化来修改图形，力求准确与完美，这就是图形的编辑与修改。本章主要介绍了图形的复制类命令、修改类命令及其他形式命令等。

思考与练习

1. 要对图形对象进行编辑时，可以使用哪几种方式来创建选择集？

2. 在选择了将要执行的命令后，AutoCAD 会提示选择对象，可以用哪些参数来选择对象？

3. 简述"复制"命令操作方法。

4. "镜像"命令的执行方式有哪些？其功能是什么？

5. "阵列"命令的功能是什么？阵列分为哪几种？

6. 简述"偏移"命令的操作方法。

第4章 建筑平面施工图绘制

知识目标

1. 掌握单行文本、多行文本的执行方式；了解各参数的含义。
2. 掌握文本编辑的执行方式。
3. 掌握图层、颜色、线型、线宽命令的执行方式；了解各参数的含义。
4. 了解尺寸的组成；熟悉尺寸样式的设置、尺寸标注的类型；掌握尺寸标注的执行方式及编辑。
5. 了解建筑施工平面图、结构施工图、给水排水施工图、电气施工图的绘制。
6. 了解建筑装饰平面布置图、吊顶装饰平面图、地面装饰平面图绘制。

技能目标

1. 能进行图形的文字标注、特殊字符的标注。
2. 能进行图形图层的管理。
3. 能进行图形尺寸的标注。
4. 能进行简单建筑平面图、装饰平面图的绘制。

素质目标

1. 在绘图过程中，要认真仔细，对自己高要求、高标准。
2. 熟知各个规范，保证图纸符合规范要求。
3. 制图过程中，发现问题、分析问题、解决问题。
4. 具有吃苦耐劳、爱岗敬业的职业精神。

在绘制各种建筑施工图时，不仅要绘出图形，还要进行文字标注、尺寸标注等。本章主要介绍 AutoCAD 2020 中的文字标注、图层管理及尺寸标注的应用。另外，通过对建筑平面图和装饰平面图绘制的讲解，使读者充分理解和熟悉文字标注、图层管理及尺寸标注在各种建筑施工图中的应用。

4.1 文本标注

4.1.1 文字样式

在文字的标注中，由于要标注各式各样的字和符号，而每种字和符号都有各式各样的形式。因此，把字和符号按一定的要求归类即文字样式，每种文字样式下的字又有各式各样的字体。把字体分类做成"形文件"保存起来，称为字库。字库中的字体"形文件"越多，在文字标注的时候就越方便、灵活。

在 AutoCAD 2020 中，图形上可以标注各式各样的字和符号。但是，一种文字样式下只能是一种字体，如果在同一文字样式下要改变某些字，则在这个样式下所有的字都要改变。

（1）执行方式：

1）菜单栏：执行菜单栏"格式"→"文字样式" 文字样式(S)命令。

2）命令行：输入"STYLE"(ST)。

（2）参数设置：利用 AutoCAD 的"文字样式"对话框（图 4.1），可定义文字字体样式。对话框主要项的内容如下：

图 4.1 "文字样式"对话框

1）样式名：建立新样式名，为已有的样式更名或删除样式。AutoCAD 默认样式名为 Standard。

①新建：增加新的字体样式。方法为：单击"新建"按钮，在弹出的"新建文字样式"对话框中输入新的字体样式名。如输入"建筑绘图软件"，如图 4.2 所示。

②重命名：为已有的字体样式更名。在"样式名"列表中选择要更名的字体样式，单击鼠标右键，选择"重命名"进行更名。

图 4.2 "新建文字样式"对话框

③删除：从"样式名"列表中选择要删除的字体样式，单击鼠标右键，选择"删除"即可。需要注意的是，如果该字形正在使用，则不能删除。

2）字体及大小：选择字体文件。可通过"字体名"下拉列表选择所需要的字体文件名（图 4.3），还可通过"高度"文本框确定文字的高度。

3）效果：确定字符的特征。"颠倒"确定是否将文字倒置标注；"反向"确定是否将文字以镜像方式标注；"垂直"用来确定文字是水平标注还是垂直标注；"宽度因子"用来设置字的宽度比例；"倾斜角度"用来确定字的倾斜角度。

4）预览：预览所选择或确定的字体样式的形式。用户可在编辑框中输入要预览的字符，输入的字符会按当前所确定或选择的字体样式显示在"预览"下面的矩形框中。

　　5)应用：确认对字体样式的设置。

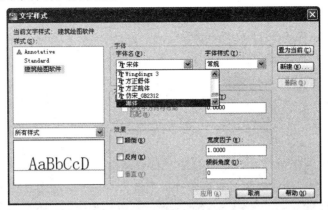

图 4.3　选取文字样式

　　提示：在设置字体样式时，如果选择使用大字体，在选择字体名时就没有中文字体。如果设定了高度，则使用本字体样式时，字体将是固定大小。

4.1.2　单行文本标注命令

　　(1)执行方式：

　　1)菜单栏：执行菜单栏"绘图"→"文字"→"单行文字"**A　单行文字(S)** 命令。

　　2)命令行：输入"TEXT/DTEXT"(DT)。

　　(2)功能：在图中标注一行文字。

　　【例 4.1】 标注文字(图 4.4)。

建筑绘图软件
AUTOCAD
单行文字标注

图 4.4　文本标注

　　【绘制步骤】

　　命令：DTEXT

　　指定文字的起点或[对正(J)/样式(S)]：　　　　　　　　　　　　　　　　　　　(鼠标选取)

　　指定高度<460.1346>：10

　　指定文字的旋转角度<0>：

　　输入文字：建筑绘图软件

　　输入文字：AutoCAD

　　输入文字：单行文字标注

4.1.3 多行文本标注命令

(1)执行方式：

1)菜单栏：执行菜单栏"绘图"→"文字"→"多行文字" A 多行文字(M)... 命令。

2)命令行：输入"MTEXT"(T/MT)。

(2)功能：在图中标注多行文字。

(3)操作方法：

命令：MTEXT

指定第一角点： (鼠标选取)

指定对角点或[高度(H)/对正(J)/行距(L)/旋转(R)/样式(S)/宽度(W)/栏(C)]：

(鼠标选取，出现多行文字格式工具栏如图4.5所示，然后输入文字)

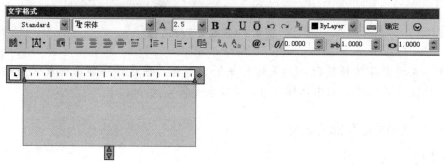

图 4.5 多行文字格式工具栏

4.1.4 文字标注命令中的参数选择

文本标注中有很多标注形式，这些标注形式是通过不同的参数来控制的。这些参数的选取尤为重要，下面介绍这些参数的含义和使用方法。输入命令或选取相应菜单命令后提示：

命令：dtext

当前文字样式："样式2" 当前文字高度：10.000 0

指定文字的起点或[对正(J)/样式(S)]：

各参数含义如下：

(1)对正(J)：此选项用来确定所标注文字的排列方式。执行该命令，AutoCAD提示：

对齐(A)/布满(F)/居中(C)/中间(M)/右对齐(R)/左上(TL)/中上(TC)/右上(TR)/左中(ML)/正中(MC)/右中(MR)/左下(BL)/中下(BC)/右下(BR)：

以文字串"建筑装饰工程CAD(Computer Aided Design)教程"为例(图4.6)，为所标注的文字串定义顶线(Topline)、中线(Middleline)、基线(Baseline)和底线(Bottomline)4条线。

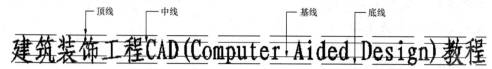

图 4.6 文字位置

提示行各选项含义如下：

1)对齐(A)：此选项要求用户确定所标注文字行基线的始点位置与终点位置。

所输入的文字串字符均匀分布于指定的两点之间，且文字行的倾斜角度由两点间的连线确定；字高与字符串宽度会根据两点间的距离、字符的多少及文字的宽度因子自动确定。

提示： 执行"对齐"命令后，根据提示依次从左向右与从右向左确定文字行基线上的两点，会得到不同的标注效果，如图4.7所示。

图4.7 用"对齐"方式输入文字

2)布满(F)：此选项要求用户确定文字行基线的始点位置和终点位置及所标注文字的字高。

所标注出的文字行字符均匀分布于指定的两点之间，且字符高度为用户指定的高度，字符的宽度则由所确定两点间的距离与字符的多少自动确定，如图4.8所示。

图4.8 用"调整"方式输入文字

3)居中(C)：此选项要求用户确定一个点，AutoCAD把该点作为所标注文字行的基线的中点。

把该点作为所标注文字行的基线的中点，文字按指定的高度及文字的宽度因子分布在该点的两边，如图4.9所示。

图4.9 用"居中"方式输入文字

4)中间(M)：此选项要求用户确定一个点，AutoCAD把该点作为所标注文字行的中线的中点。把该点作为所标注文字行中线的中点，文字按指定的高度及文字的宽度因子分布在该点的两边，如图4.10所示。

图4.10 用"中间"方式输入文字

5)右对齐(R)：此选项要求给定一个点，AutoCAD把该点作为文字行基线的终点。把该点作为文字行基线的终点，文字按指定的高度及文字的宽度因子标注在图上。

6)左上(TL)：此选项要求用户确定一个点，AutoCAD把该点作为文字行顶线的始点。

7)中上(TC)：此选项要求用户确定一个点，AutoCAD把该点作为文字行顶线的中点。

8)右上(TR)：此选项要求用户确定一个点，AutoCAD把该点作为文字行顶线的终点。

9)左中(ML)：此选项要求用户确定一个点，AutoCAD把该点作为文字行中线的始点。

10）正中（MC）：此选项要求用户确定一个点，AutoCAD 把该点作为文字行中线的中点。

11）右中（MR）：此选项要求用户确定一个点，AutoCAD 把该点作为文字行中线的终点。

12）左下（BL）：此选项要求用户确定一个点，AutoCAD 把该点作为文字行底线的起点。

13）中下（BC）：此选项要求用户确定一个点，AutoCAD 把该点作为文字行底线的中点。

14）右下（BR）：此选项要求用户确定一个点，AutoCAD 把该点作为文字行底线的终点。

图 4.11 以文字串"AutoCAD"为例说明了除"对齐"与"布满"两种文字排列形式外的其余各种排列形式。

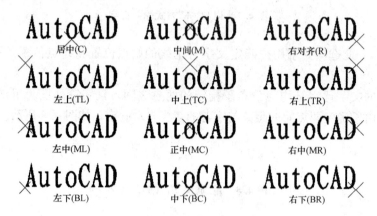

图 4.11 用各种对正方式输入文字

（2）样式：确定标注文字时所使用的字体样式。执行该选项，AutoCAD 提示：

样式名（或?）< 缺省值> ：

在此提示下，用户可输入标注文字时所使用的字体样式名字，也可输入"?"，显示已有的字体样式。

4.1.5 特殊字符的标注

实际绘图时，有时需要标注一些特殊字符，如希望在一段文字的上方或下方画线、标注"°"（度）、"±""Φ"等，以满足特殊需要。由于这些特殊字符不能从键盘上直接输入，为此，AutoCAD 提供了各种控制码，用来实现这些要求。AutoCAD 的控制码由 2 个百分号（%%）以及在后面紧接 1 个字符构成，用这种方法可以表示特殊字符。表 4.1 是常用的控制码。

表 4.1 常用的控制码

符　　号	功　　能	符　　号	功　　能
%%O	打开或关闭文字上画线	%%D	标注"度"符号（°）
%%U	打开或关闭文字下画线	%%C	标注符号（Φ）
%%P	标志"正负公差"符号（±）		

注：%%O 或 %%U 分别是上画线与下画线的开关，即当第一次出现此符号时，表明打开上画线或下画线；而第二次出现该符号时，则会关掉上画线或下画线。

【例 4.2】 标注图 4.12 所示的文字。

我喜欢AutoCAD课程
75°   ±0.000

图 4.12　用控制码输入文字

【绘制步骤】

命令：dt

指定文字的起点或[对正(J)/样式(S)]：

（输入"我%%u喜欢%%oAuto%%uCAD%%o课程""75%%D　%%P0.000"）

4.2　文本编辑

当文本标注有误或需要修改时，就要对标注的文本进行编辑，包括对文字本身的修改和参数的修改。

4.2.1　编辑文字

(1)执行方式：

1)菜单栏：执行菜单栏"修改"→"对象"→"文字"→"编辑" 编辑(E) 命令。

2)命令行：输入"DDEDIT"(DDED)。

(2)功能：修改文字。

提示：如果修改的对象是"多行文字"和"单行文字"，除以上方法外，还可以在绘图区双击对象进行修改。如果修改的对象是标注中的文本，可用上述两种方法。

4.2.2　DDMODIFY 特殊修改

(1)执行方式：

1)工具栏：单击"快速访问工具栏"中的"特性"按钮。

2)菜单栏：执行菜单栏"修改"→"特性" 特性(P) 命令。

3)命令行：输入"PROPERTIES"(PR)或"DDMODIFY"(DDM)。

(2)功能：修改文字的内容及文字标注方式的各种参数。

"特性"修改对话框如图 4.13 所示。

(3)参数设置：

1)基本：

①颜色：用来修改文字的颜色。单击该按钮，AutoCAD 弹出用于设置颜色的下拉列表。用户可以从中选取某一种颜色作为文字的颜色，也可以选用"随层"或"随块"项确定文字的颜色。

②线型：用来改变文字的线型。单击该按钮，AutoCAD 弹出设置线型下拉列表，用户可利用其来修改线型。

③图层：用来改变文字的图层。单击该按钮，AutoCAD 弹出设置图层下拉列表，用户可利用其来修改图层。

2）文字：

①内容：文本框内显示当前所修改的文字内容。用户可利用该文本框对文字的内容进行修改。

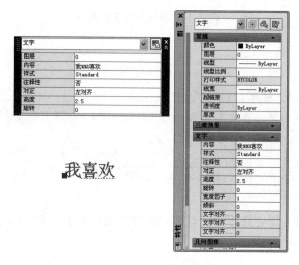

图 4.13 "特性"修改对话框

②样式：改变文字的字体样式。单击"样式"右侧的下拉箭头，也会弹出样式名下拉列表，显示当前已有的字体样式名字，用户可从中选取某字体样式作为所修改文字的字体样式。

③对正：改变文字的排列形式。单击"对正"右侧的下拉箭头，则弹出"对正"下拉列表，显示用户可以使用的各种排列方式。用户可从中选取一项作为文字新的排列方式。

④高度：通过文本框改变文字的高度。

⑤旋转：通过文本框改变文字行的旋转角度。

⑥宽度因子：通过文本框修改文字的宽度因子。

⑦倾斜：通过文本框修改文字的倾斜角度。

3）几何图形：文字的插入点。单击"拾取点"按钮，AutoCAD 将临时切换到绘图屏幕，要求用户选取新的插入点的位置。用户选取后（也可直接按回车键，即不作更改），AutoCAD 又返回到对象特征对话框。用户可以在 X、Y、Z 文本框内直接输入文字插入点的坐标。

4）其他。

①颠倒：确定文字倒写与否。若打开此开关，表示文字将倒写，否则按正常方式书写。

②反向：确定是否将文字反标注。打开此开关则反标注，否则为正标注。

4.3 图层管理

在了解图层的基本特点之后，需要对图层进行管理，具体包括图层的定义、图层颜色的设置、图层线型的设置、图层线宽的设置等操作。

4.3.1 "图层"命令

（1）执行方式：

1）菜单栏：执行菜单栏"格式"→"图层"▤ 图层(L)命令。

2）命令行：输入"LAYER"（LA）。

（2）假设已建立了"粗实线""点划线"和"细实线"等图层以及相应的颜色、线型与线宽，选择相应的下拉菜单，或输入"LAYER"命令后按 Enter 键，弹出"图层特性管理器"对话框（图 4.14）。在这个对话框中，大的矩形区域中显示已建立的图层及各图层的状态，其他各项功能如下：

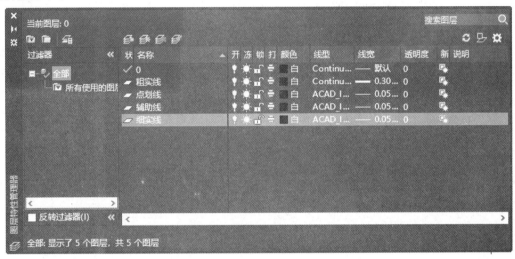

图 4.14 "图层特性管理器"对话框

1）主要区域：该区域显示已有的图层及其设置，如果用户利用此对话框建立图层，新建图层也会列在上面。该区域的上方有标题行，该标题行各项含义如下：

①状态：表示管理器中的图层是否处于当前状态，"0"图层正处于当前状态。

②名称：此项对应列显示各图层的名字，图 4.14 所示的对话框说明当前已有名为"0（默认）""粗实线""点划线"和"辅助线"等图层。

③开：设置图层打开与否。"开"所对应的列的小灯泡图标的颜色是黄颜色；若将该层关闭，对应的小灯泡变成蓝灰色。

提示：如果将当前图层关闭，会显示出对话框，警告用户正在关闭当前图层。

④冻结：该选项控制所有视图中各图层冻结与否。如果某图层对应图标是太阳，表示该图层是非冻结，若将该图层冻结，单击对应图标，使其变成雪花状即可；反之亦然。

提示：用户不能将当前图层冻结，也不能将冻结层设为当前图层。

⑤锁定：该选项控制对应图层锁定与否。该选项对应列中，如果某图层对应图标是打开的锁，则表示该图层是非锁定的；若将该图层锁定，单击对应图标使其变成非打开状即可。

⑥颜色：该选项对应列显示各图层的颜色。如果要改变某一图层的颜色，单击对应图标，则会弹出"选择颜色"对话框，用户可从中选取。

⑦线型：该选项对应列显示各图层的线型。如果要改变某一层的线型，单击对应线型名，则会弹出"线型选择"对话框，用户可在表中选择一种线型作为当前层的线型。

⑧线宽：用于设置图层的线宽，其下面对应列表分别用于显示各图层的线宽。要改变某一图层的线宽，可单击对应的线宽名，系统弹出"线宽"对话框，利用该对话框可以对该图层的线宽进行设置。

⑨透明度：用于设置图层对象的显示透明度，数值越大越透明，越小越不透明。

⑩打印样式：该属性用来确定图层的输出样式。

⑪打印：在"打印"栏中列出了图层的输出状态，用来确定图层是否打印输出。在对应的列表中，单击某个图层中对应的打印机图标，可控制该图层是否要进行打印。

另外，还有"新视口"和"说明"等项，不再赘述。

2)当前层：使某层变为当前层。其方法是：选择该层，然后单击"当前"按钮✔。

3)新建：建立新图层。其方法为：单击"新建"按钮☀➤，AutoCAD 会自动建立名为"图层 n"的图层（其中 n 为起始于 1 的数字），用户可以修改图层名。

4)删除：删除图层。其方法是：选择该层，然后单击"删除"按钮✘。

提示：要删除的图层必须是空图层，即此图层上没有图形对象，否则 AutoCAD 会拒绝删除，并给出对话框。

4.3.2 "颜色"命令

（1）执行方式：

1)菜单栏：执行菜单栏"格式"→"颜色"● 颜色(C)... 命令。

2)命令行：输入"COLOR"(COL)。

（2）功能：设置图层或图形对象的颜色。

（3）操作方法：选择一种执行方式，系统弹出"选择颜色"对话框，可以利用"索引颜色""真彩色""配色系统"3 种方式来设置颜色，如图 4.15 所示。

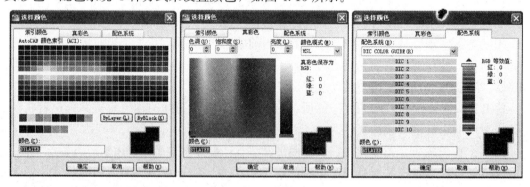

图 4.15 选择颜色

提示：如果绘图区的背景颜色是白色，在显示 7 号颜色时，实际为黑色。

4.3.3 "线型"命令

绘图时，经常用不同的线型，如虚线、点画线、中心线等。AutoCAD 提供了丰富的线型，这些线型存放在文本文件 ACAD. LIN 中，用户可以根据需要从中选择所需要的线型。

1. 设置线型

(1)执行方式：

1)菜单栏：执行菜单栏"格式"→"线型"命令。

2)命令行：输入"LINETYPE"(LT)。

(2)功能：设置图层或图形对象的线型。

(3)操作方法：选择一种执行方式，系统弹出"线型管理器"对话框，如图4.16所示。也可以在"图层特性管理器"中，单击图层对应线型名，系统会弹出"线型选择"对话框，然后选择一种线型作为当前层的线型。

线型可以帮助表达图形中的对象所要表达的信息。可用不同的线型区分一条线与其他线的用途。如果是列表中没有的线型，单击"加载"按钮，AutoCAD将显示"加载或重载线型"对话框(图4.17)。当在屏幕上或绘图仪上输出的线型不合适时，可以通过改变线型比例系统变量的方法放大或缩小所有线型的每一小段的长度。

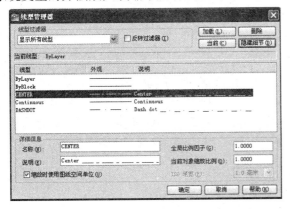 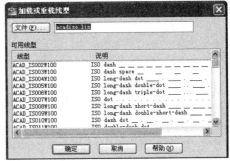

图4.16 "线型管理器"对话框   图4.17 "加载或重载线型"对话框

2. 设置全局线型比例

(1)执行方式：

1)命令行：输入"LTSCALE"(LTS)。

2)在"线型管理器"中进行设置(图4.16)。

(2)功能：确定所有线型的比例因子。

提示：在新建立的图层上，如果不指明线型，系统将默认定义为"Continuous"，即实线线型。

【**例4.3**】 线型练习，用不同的线型绘制图4.18中的对象(步骤略)。

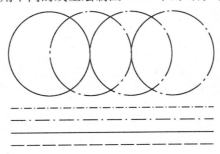

图4.18 不同线型练习

4.3.4 "线宽"命令

(1)执行方式：

1)菜单栏：执行菜单栏"格式"→"线宽"命令。

2)命令行：输入"LWEIGHT"(LW)。

(2)功能：给线宽赋值。

(3)操作方法：选择一种执行方式，系统弹出"线宽设置"对话框，如图 4.19 所示。通过对话框可以设置、显示线宽和调整显示比例。

提示：设置线宽后，必须"显示线宽"，否则线宽设置就失去了意义。

另外，AutoCAD 线宽值的范围为 0.05～2.11 mm(0.002～0.083 in)，另外，还有"随层""随块""缺省"和"0"线宽值。"系统默认"的线宽值是 0.25 mm(0.01 in)，该值可以被设置为其他的有效线宽值。任何等于或小于"默认"线宽值的线宽，在模型空间中都将显示为一个像素，但是在打印该线宽时，将按打印时赋予的宽度值打印。

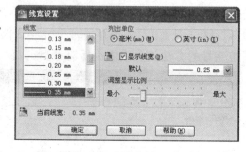

图 4.19 "线宽设置"对话框

4.3.5 "特性匹配"命令

(1)执行方式：

1)工具栏：单击"快速访问"工具栏中的"特性匹配"按钮。

2)菜单栏：执行菜单栏"修改"→"特性匹配" 特性匹配(M) 命令。

3)命令行：输入"MATCHPROP"(MA)。

(2)功能：将某些对象(目的对象)的特性(包括颜色、图层、线型、线型比例等)改变成另外一些对象(原对象)的特性。

注意：在操作过程中，如果在"设置(S)/(选择目标对象):"提示下选择"S"，将会弹出"特性设置"对话框，如图 4.20 所示，可以利用其选择特性匹配内容。

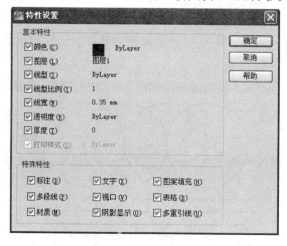

图 4.20 "特性设置"对话框

【例4.4】 修改如图4.21所示图层的特性，将结构工字钢及镀锌钢统改为虚线表示。

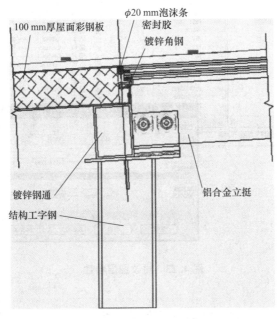

图4.21 原始文件效果

【绘制步骤】
(1)执行菜单栏"格式"→"图层"命令，系统弹出"图层特性管理器"对话框，如图4.22所示。

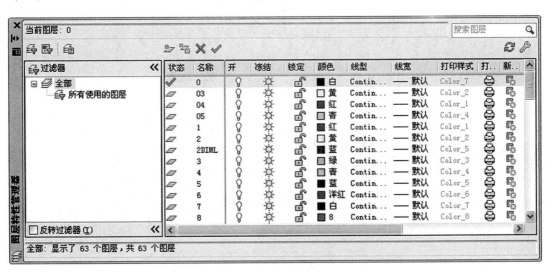

图4.22 "图层特性管理器"对话框

(2)选择需要修改的图层，更改图层特性，如图4.23所示。
(3)修改图层特性的同时，文件也被修改。单击"关闭"按钮，关闭"图层特性管理器"对话框，最后效果如图4.24所示。

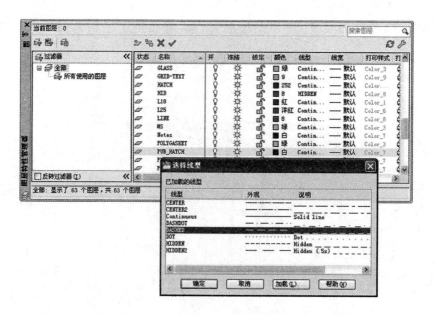

图 4.23 更改图层特性

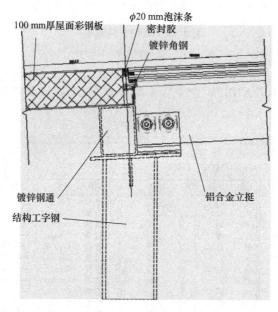

图 4.24 修改后的效果

4.4 尺寸标注

尺寸标注是绘图设计中的一项重要内容，因为图形的主要作用是表达物体的形状，而物体各部分的真实大小和它们之间的确切位置只能通过标注尺寸才能表达出来。因此，没有正确的尺寸标注，所绘出的图纸就没有什么意义。

4.4.1 尺寸的组成

一个完整的尺寸由尺寸线、尺寸界线、尺寸起止符、尺寸文字 4 部分组成，如图 4.25 所示。通常，AutoCAD 将构成一个尺寸的尺寸线、尺寸界线、尺寸起止符和尺寸文字，以块的形式存放在图形文件内，可以认为一个尺寸是一个对象。下面介绍组成尺寸各部分的特点。

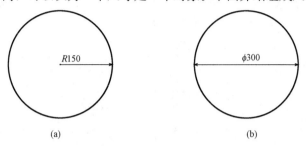

图 4.25　尺寸的组成

(a)长度型尺寸标注；(b)角度型尺寸标注

(1)尺寸线：尺寸线一般是一条带有双箭头的单线段或带单箭头的双线段，也可以是两端带有箭头的一条弧或带单箭头的双弧线。

(2)尺寸界线：为了标注清晰，通常通过尺寸界线将尺寸引至被注对象之外。有时也用物体的轮廓线或中心线代替尺寸界线。

(3)尺寸起止符：尺寸起止符用来标注尺寸线的两端，有时用短画线、箭头或其他标记代替尺寸起止符(图 4.26)。

(4)尺寸文字：尺寸文字是标注尺寸大小的文字。尺寸文字中可能只含基本尺寸；也可能带有尺寸公差(图 4.27)；还可能是以极限尺寸作为尺寸文字，其中极限包括最大极限尺寸和最小极限尺寸(图 4.28)。

如果尺寸线内标注不下尺寸文字，AutoCAD 会自动将其放到外部(图 4.29)。

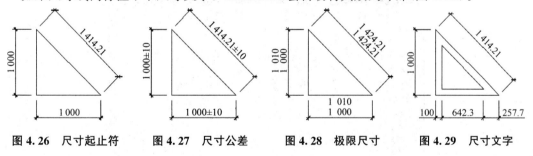

图 4.26　尺寸起止符　　图 4.27　尺寸公差　　图 4.28　极限尺寸　　图 4.29　尺寸文字

4.4.2 尺寸样式的设置

1. 新建"标注样式"

(1)执行方式：

1)工具栏：单击"标注"工具栏中的"标注样式"按钮。

2)菜单栏：执行菜单栏"标注"→"标注样式" ◢ 标注样式⑪命令。

3)命令行：输入"DDIM"(D)。

(2)操作方法：选择一种执法方式，系统弹出"标注样式管理器"对话框(图4.30)，单击"新建"按钮，弹出"创建新标注样式"对话框(图4.31)。在对话框中的"新样式名"文本框中输入新样式的名称(如"建筑标记")，在"基础样式"下拉列表中选择样式名(如"ISO-25")，单击"继续"按钮，修改相关参数。

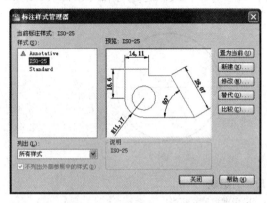

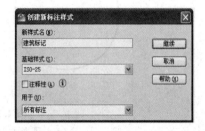

图4.30 "标注样式管理器"对话框   图4.31 "创建新标注样式"对话框

2."标注样式"参数设置

在尺寸标注样式中，用户完全可以根据相关规范控制尺寸标注的外观。在"标注样式管理器"对话框中可对相关的各项特性进行设置。

(1)主单位。

1)"线性标注"选项组：在"主单位"选项卡(图4.32)的"线性标注"选项组中，可对线性标注主单位进行设置。其中，"单位格式"用来确定计数格式；"精度"用来确定尺寸的精度；"分数格式"用来设置分数表示形式；"小数分隔符"用来设置小数的分隔符形式；"前缀"用于为尺寸文字设置固定前缀；"后缀"用于为尺寸标注设置固定后缀。

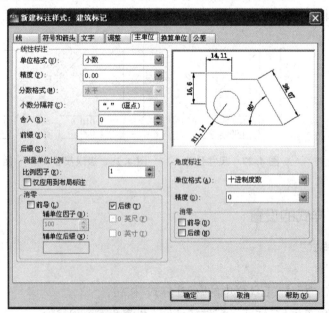

图4.32 "主单位"选项卡

2)"测量单位比例"选项组：可以对主单位的线性比例进行设置。

3)"消零"选项组：可确定是否省略尺寸标注中的"0"。

4)"角度标注"选项组：可设置角度标注的单位和精度。

(2)换算单位。在"换算单位"选项卡(图4.33)中，可设置换算单位格式、精度、换算比例等选项。

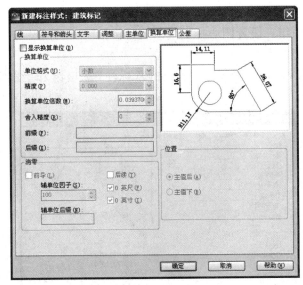

图4.33 "换算单位"选项卡

(3)线。

1)"尺寸线"选项组：在"线"选项卡(图4.34)的"尺寸线"选项组中，可设置关于尺寸线的各种属性，包括尺寸线的"颜色""线宽"等。"超出尺寸线"表示可将尺寸箭头设置为短斜线、短波浪线等；当尺寸线上无箭头时，用来设置尺寸线超出尺寸界线的距离。"基线间距"即基线标注中相邻两尺寸之间的距离。

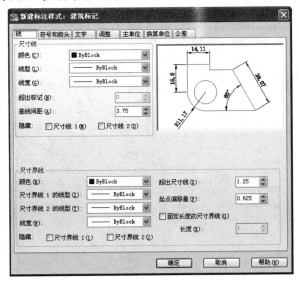

图4.34 "线"选项卡

2)"尺寸界线"选项组：可确定尺寸界线的形式。其中，包括尺寸界线的"颜色""线宽""超出尺寸线""起点偏移量"(即确定尺寸界线的实际起始点相对于指定尺寸界线起始点的偏移量)，"隐藏"特性右侧的 2 个复选框用于确定是否省略尺寸界线。

(4)符号与箭头。

1)"箭头"选项组：设置尺寸箭头的形式，包括"第一个"和"第二个"箭头的形式、"引线"的形式、"箭头大小"。

2)"圆心标记"选项组：设置圆心标记的形式，包括"无""标记"和"直线"，在"大小"微调框中可设置圆心标记的尺寸。

另外，还有"弧长符号"选项组、"半径折弯标注"选项组和"线性折弯标注"选项组(图 4.35)，不再赘述。

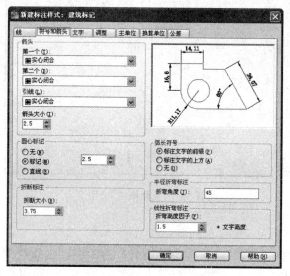

图 4.35　"符号与箭头"选项卡

(5)文字。在"文字"选项卡(图 4.36)中，可设置尺寸文字的外观、位置和对齐等特性。

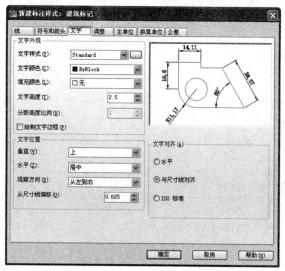

图 4.36　"文字"选项卡

1)"文字外观"选项组：在"文字样式"下拉列表框中可选择尺寸文字的样式；在"文字颜色"下拉列表中，可设置尺寸文字的颜色；在"文字高度"调整框中，可设置尺寸文字的字高；在"分数高度比例"调整框中，可确定分数高度的比例，选中或清除"绘制文字边框"复选框，可确定是否在尺寸文字周围加上边框。

2)"文字位置"选项组：设置尺寸文字的位置。其中，在"垂直"下拉列表框中，可确定尺寸文字的垂直位置，包括"置中""第一条尺寸界线""第二条尺寸界线""第一条尺寸界线上方"和"第二条尺寸界线上方"等；在"从尺寸线偏移"微调框中，可确定尺寸文字从尺寸线偏移的距离。

3)"文字对齐"选项组：确定尺寸文字的对齐方式。其中，"水平"单选按钮表示尺寸文字始终沿水平方向放置；选中"与尺寸线对齐"单选按钮，则尺寸文字沿尺寸线的方向放置；选中"ISO 标准"单选按钮，则尺寸文字的放置方向符合 ISO 标准。

(6)调整。在"调整"选项卡(图 4.37)中，可调整尺寸文字和尺寸箭头的位置。

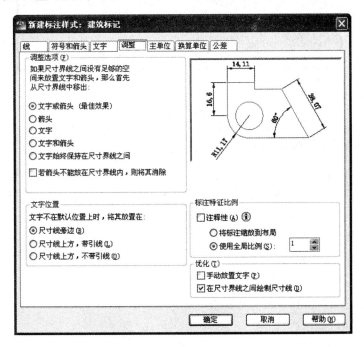

图 4.37 "调整"选项卡

1)"调整选项"选项组："如果尺寸界线之间没有足够的空间来放置文字和箭头，那么首先从尺寸界线之间移出"，包括"文字或箭头(取最佳效果)"、移出"箭头"、移出"文字"、移出"文字和箭头""文字始终保持在尺寸界线之间"和"若不能放在尺寸界线内，则将其消除"。

2)"文字位置"选项组：设置文字位置："尺寸线旁边""尺寸线上方，带引线"或"尺寸线上方，不带引线"。

3)"标注特征比例"选项组：设置"使用全局比例""将标注缩放到布局"。

4)"优化"选项组：设置"手动放置文字"和"在尺寸界线之间绘制尺寸线"。

(7)公差。在"公差"选项卡(图 4.38)中，可设置公差标注的格式。在"公差格式"选项组中，可设置公差的方式、公差文字的位置等特性。

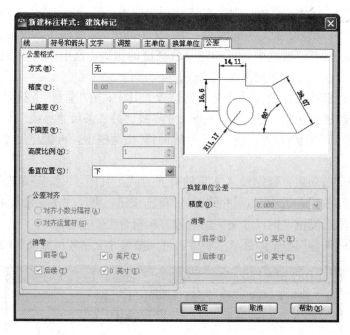

图 4.38 "公差"选项卡

4.4.3 尺寸标注的类型

AutoCAD 中所有标注可分为长度型尺寸标注、角度型尺寸标注、半径型尺寸标注、直径型尺寸标注、引线标注、坐标型尺寸标注等。长度型尺寸标注又分水平标注、垂直标注、基线标注、连续标注、旋转标注、对齐标注等类型。

1. 长度型尺寸标注命令

(1)标注水平、垂直尺寸。

1)执行方式：

①工具栏：单击"标注"工具栏中的"线性"按钮。

②菜单栏：执行菜单栏"标注"→"线性" $\vdash$ 线性(L) 命令。

③命令行：输入"DIMLINEAR"(DIMLI)。

2)操作方法：

①选择两个点标注：如图 4.39 所示，先后选择 P1 与 P2 点进行标注(300)。

②选择边标注：如图 4.39 所示，选择梯形下边标注(500)。

(2)对齐标注尺寸。

1)执行方式：

①工具栏：单击"标注"工具栏中的"对齐"按钮。

②菜单栏：执行菜单栏"标注"→"对齐" $\diagdown$ 对齐(G) 命令。

③命令行：输入"DIMALIGNED"(DIMALI)。

2)操作方法：

①选择两个点标注：如图 4.40 所示，先后选择 P1 与 P2 点进行标注(282.84)。

②选择一个边标注：如图 4.40 所示，先后选择 P1P2 边进行标注(282.84)。

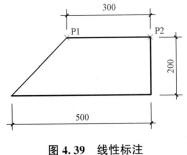

图4.39 线性标注

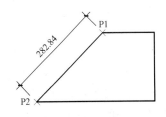

图4.40 对齐标注

(3)连续标注尺寸。

执行方式：

①工具栏：单击"标注"工具栏中的"连续标注"按钮。

②菜单栏：执行菜单栏"标注"→"连续" ||| 连续(C) 命令。

③命令行：输入"DIMCONTINUE"(DIMCONT)。

提示：采用连续标注前，一般应有一个已标注好的尺寸。

【例4.5】 利用连续标注，标注图4.41中的对象。

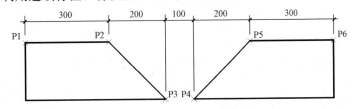

图4.41 连续标注

【绘制步骤】

命令：dimlinear	(标注边 P1P2)
指定第一个尺寸界线原点或<选择对象>：	(选择 P1 点)
指定第二条尺寸界线原点：	(选择 P2 点)

标注文字＝300

命令：dimcontinue

| 选择连续标注： | (选择继续标注的尺寸) |
| 指定第二条尺寸界线原点或[放弃(U)/选择(S)](选择)： | (选择 P3 点) |

标注文字＝200

| 指定第二条尺寸界线原点或[放弃(U)/选择(S)](选择)： | (选择 P4 点) |

标注文字＝100

| 指定第二条尺寸界线原点或[放弃(U)/选择(S)](选择)： | (选择 P5 点) |

标注文字＝200

| 指定第二条尺寸界线原点或[放弃(U)/选择(S)](选择)： | (选择 P6 点) |

标注文字＝300

| 指定第二条尺寸界线原点或[放弃(U)/选择(S)](选择)： | (标注结束) |

2. 角度型尺寸标注命令

（1）执行方式：

1）工具栏：单击"标注"工具栏中的"角度"按钮。

2）菜单栏：执行菜单栏"标注"→"角度" ∠ 角度(A) 命令。

3）命令行：输入"DIMANGULAR"(DIMANG)。

（2）功能：标注出一段圆弧的中心角、圆上某一段弧的中心角、两条不平行的直线间的夹角，或根据已知的三点来标注角度等(图 4.42)。

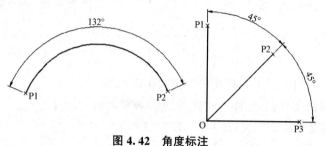

图 4.42　角度标注

1）标注圆弧的中心角。

命令：DIMANGULAR

选择圆弧、圆、直线或(指定顶点)：　　　　　　　　　　　　　　　(选择圆弧 P1P2)

指定标注弧线位置或[多行文字(M)/文字(T)/角度(A)]：　　　　　(选择尺寸线的位置)

标注文字=132

2）标注两条不平行的直线间的夹角。

命令：DIMANGULAR

选择圆弧、圆、直线或(指定顶点)：　　　　　　　　　　　　　　　(选择直线 OP1)

选择第二条直线：　　　　　　　　　　　　　　　　　　　　　　　(选择直线 OP2)

指定标注弧线位置或[多行文字(M)/文字(T)/角度(A)]：　　　　　(选择尺寸线的位置)

标注文字=45　　　　　　　　　　　　　(如果要标注角 P1OP2，则执行连续标注命令)

命令：dimcontinue

选择连续标注：　　　　　　　　　　　　　　　　　　　　　　(选择继续标注的尺寸)

指定第二条尺寸界线原点或[放弃(U)/选择(S)]

标注文字=45

指定第二条尺寸界线原点或[放弃(U)/选择(S)]

3. 半径型尺寸标注命令

（1）执行方式：

1）工具栏：执行菜单标注工具栏中的"半径标注"按钮。

2）菜单栏：执行菜单栏"标注"→"半径" ⌒ 半径(R) 命令。

3）命令行：输入"DIMRADIUS"(DIMRAD)。

（2）功能：标注出圆弧或圆的半径，如图 4.43(a)所示。

4. 直径型尺寸标注命令

（1）执行方式：

1）工具栏：单击"标注"工具栏中的"直径标注"按钮。

2)菜单栏：执行菜单栏"标注"→"直径" 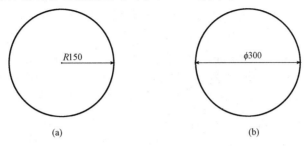这里不对，调整

2)菜单栏：执行菜单栏"标注"→"直径" **直径(D)** 命令。

3)命令行：输入"DIMDIAMETER"(DIMDIA)。

(2)功能：标注出圆弧或圆的直径，如图 4.43(b)所示。

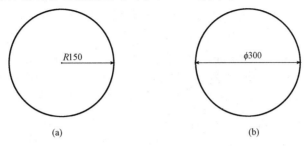

(a)　　　　　　　　　　　　　　(b)

图 4.43　径向标注

(a)半径标注；(b)直径标注

5. 多重引线标注命令

执行方式：

(1)菜单栏：执行菜单栏"标注"→"多重引线" **多重引线(E)** 命令。

(2)命令行：输入"MLEADER"。

【例 4.6】　利用多重引线标注图 4.44 中的板。

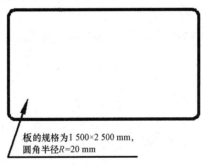

板的规格为 1 500×2 500 mm，
圆角半径 R=20 mm

图 4.44　多重引线标注

【绘制步骤】

命令：MLEADER

指定引线起点：　　　　　　　　　　　　　　　　　　　　(用鼠标选取矩形圆角的圆心)

指定下一点：

指定下一点或[注释(A)/格式(F)/放弃(U)](注释)：

指定下一点或[注释(A)/格式(F)/放弃(U)](注释)：输入注释文字的第一行或(选项)：

输入注释选项[公差(T)/副本(C)/块(B)/无(N)/多行文字(M)](多行文字)：M

(弹出文本编辑对话框后，输入文本："板的规格为 1 500 mm×2 500 mm，圆角半径 R= 20 mm"，单击"确定"按钮退出)

4.4.4　尺寸编辑

如果尺寸标注出现问题，可以对尺寸进行编辑。AutoCAD 中有部分修改命令可以对尺

寸进行修改。

1. 执行"STRETCH"命令编辑尺寸

在绘图过程中，经常会改变图形的几何尺寸，可以执行"STRETCH"命令来完成这种操作。如图4.45所示，将四边形ABCD的AB边和DC边由"300"加长到"400"，就可以执行"STRETCH"命令，在"选择对象："的提示下，按图4.45(a)中虚线窗口所示的范围选择对象，选择基点，打开正交开关向右拉伸"100"。执行结果如图4.45(b)所示。四边形ABCD的AB边和DC边由"300"加长到了"400"，尺寸也同时变为"400"。

2. 执行"TRIM"命令编辑尺寸

AutoCAD允许执行"TRIM"命令修剪尺寸。如图4.46所示，若将AC尺寸"400"改为标注AB尺寸"200"，就可以执行"TRIM"命令修剪。执行"TRIM"命令，在"选择修剪边："提示下，选择BE边，在"选择要修剪的对象"提示下，选择AC尺寸线的右端，则尺寸被修剪为AB尺寸。

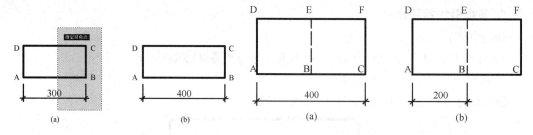

图4.45　执行"STRETCH"命令编辑尺寸	图4.46　执行"TRIM""EXTEND"命令编辑尺寸
(a)执行前；(b)执行后	(a)执行前；(b)执行后

3. 执行"EXTEND"命令编辑尺寸

AutoCAD允许执行"EXTEND"命令延伸尺寸。如图4.46所示，若将AB间的尺寸改为标注AC尺寸"400"，就可以执行"EXTEND"命令延伸。执行"EXTEND"命令，在"选择延伸边"提示下，选择CF边，在"选择要延伸的对象"提示下，选择AB尺寸的右端，则尺寸被延伸为AC尺寸"400"。

4. 执行"DDEDIT"命令或双击标注修改尺寸文字

如果要对尺寸文字进行直接修改，可以执行"DDEDIT"命令或者双击标注，系统会打开多行文字编辑器(图4.47)。在编辑器中可以修改尺寸值，增加前缀或后缀。

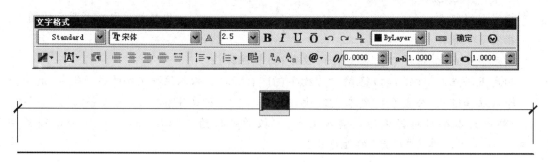

图4.47　执行"DDEDIT"命令或双击标注编辑文字

5. 执行"DIMEDIT"命令修改尺寸

执行"DIMEDIT"命令可以综合性地编辑尺寸，相关参数如下：

(1)默认(H)：默认尺寸当前的内容。

(2)新建(N)：新建一个尺寸文本，打开一个文本输入对话框，输入文本。

(3)旋转(R)：尺寸文本旋转一个角度。

(4)倾斜(O)：把尺寸指引线倾斜一个角度。

【例4.7】 执行"DIMEDIT"命令将图4.48(a)编辑成图4.48(b)的效果。

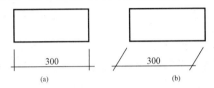

图4.48 编辑尺寸

(a)编辑前；(b)编辑后

【绘制步骤】

命令：DIMEDIT

输入标注编辑类型[默认(H)/新建(N)/旋转(R)/倾斜(O)](默认)：O

选择对象：找到1个   (鼠标点取)

选择对象：

输入倾斜角度(按Enter键表示无)：45

4.5 建筑平面图绘制

建筑平面图主要从平面上反映出建筑物在某个层面上的房间功能、门窗的位置、楼梯的位置等信息，同时，也反映出房间的面积、楼层的标高及房间内的布置等相关信息，是建筑施工的可靠依据。

4.5.1 建筑施工平面图绘制

建筑平面图绘制的基本顺序是：绘制轴线→墙线、门窗→画楼梯及其他→插入建筑配景图→标注说明等。图中所有内容都有一定的尺寸，而反映位置和尺寸的主要依据就是建筑轴线。因此，绘制建筑轴线是建筑平面图绘制的第一步。

建筑平面轴网绘制好后，就可以根据轴线图构思墙线、门窗及楼梯等。

【例4.8】 绘制建筑施工平面图(图4.49)。

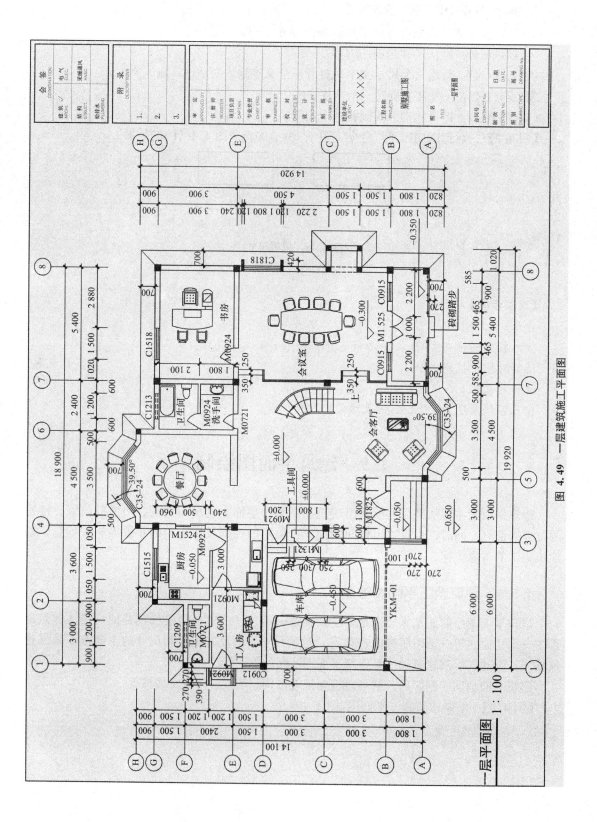

图 4.49 一层建筑施工平面图

一层平面图 1 : 100

【绘制步骤】

(1)绘制建筑施工平面图轴网(图4.50)。

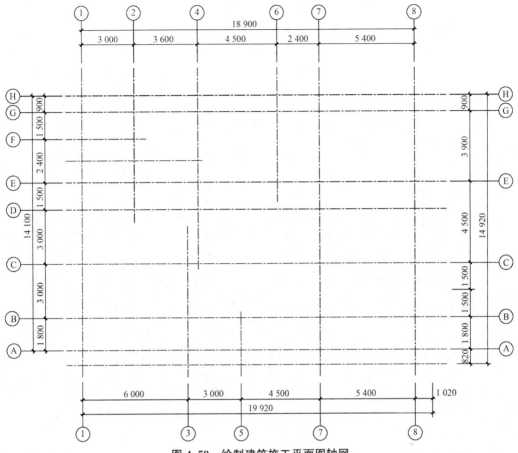

图 4.50 绘制建筑施工平面图轴网

绘制建筑轴线,先选定一种线型,如点画线,然后在 X 方向画一条直线,按一定尺寸偏移复制得到 Y 方向的轴线;同理可在 Y 方向画一条直线,按一定尺寸偏移复制得到 X 方向的轴线。执行相应"标注"命令标注 X、Y 方向的尺寸值,标注每条轴线之间的尺寸值。最后,选择"工具"选项板中"注释"选择卡的"标记" 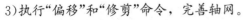,使用适当的比例,添加轴号,并修改其样式和文字。

1)按实际尺寸选用点画线画一条 X 方向的直线;用尺寸 1 800、3 000、3 000、1 500、2 400、1 500、900 进行偏移复制。

2)按实际尺寸选用点画线画一条 Y 方向的直线;用尺寸 3 000、3 600、4 500、2 400、5 400 进行偏移复制。

3)执行"偏移"和"修剪"命令,完善轴网。

微课:轴网尺寸标注

4)执行相应"标注"命令标注两个方向轴线间的尺寸,并标注两个方向的总尺寸。

5)利用快捷键 Ctrl+3,弹出"工具"选项板,然后选择"注释"选项卡中的"标记",插入轴号,并调整比例。

注意:建筑轴线在平面上的形式可能有曲线,如圆、圆弧等,如果上下、左右轴号不对称,应该选择相应的参照,将不需要的修剪,以免引起误导。

(2)建筑施工平面图墙线及门窗绘制(图4.51)。

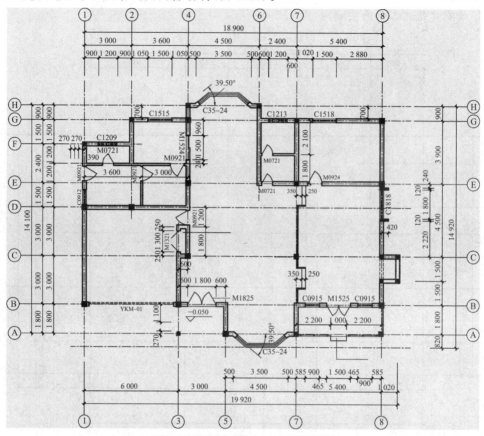

图4.51 绘制建筑施工平面图墙线

画墙线执行"多线(MLINE)"命令,墙线应表现为粗线,一般设置为0.4~0.6 mm。平行线的宽度应设置为墙的厚度,如果有柱子,同时应把柱子绘制出来。

门、窗的绘制在平面上和立面上的画法是不同的,主要是投影的不同。用计算机绘图要严格遵照国家标准,其门、窗的绘制符号和方法应遵照《建筑制图标准》(GB/T 50104—2010)的要求。

①执行"MLINE"命令在轴线图上画墙线,并利用修剪命令,修剪出门洞、窗洞。

②执行"RECTANG"命令画柱子外框,再用单色填充。执行"LINE"命令在"定数等分"(DIV)命令辅助下,绘制窗线。执行"LINE"命令和"ARC"命令或选择"工具"选项板中的"建筑"选择卡的标记绘制门。

③标注细部尺寸。

(3)标注文字、插入配景及图框。

执行"矩形""直线"及"文字"等相关命令绘制图框和标题栏,然后将绘制的图框及图签以块的形式插入到平面图中,最后执行"缩放"和"移动"命令将图框和图签以适当比例进行合理布局,如图4.52所示。

微课:墙线及窗

微课:门栏杆及其他

微课:文字及装图

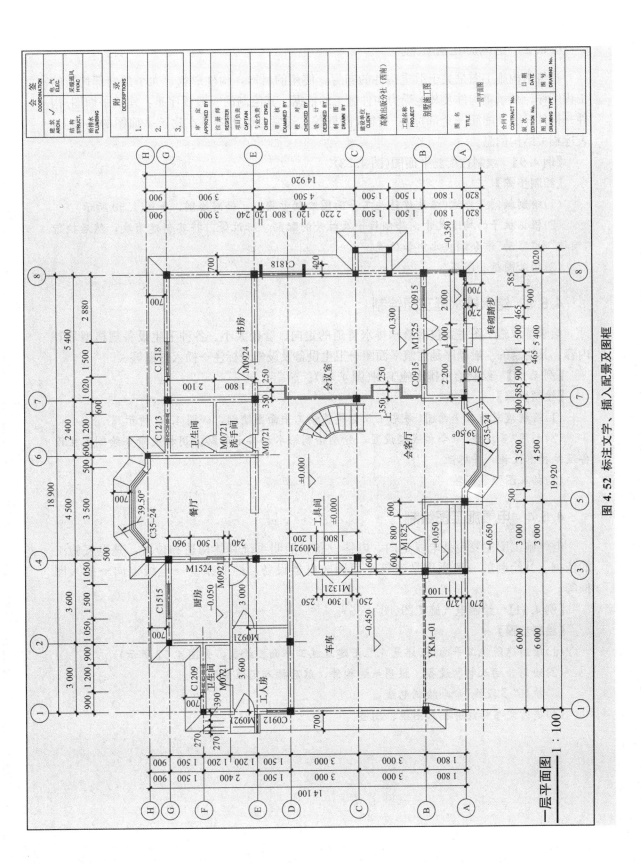

一层平面图 1 : 100

图 4.52 标注文字、插入配景及图框

4.5.2　结构施工图绘制

建筑结构施工图是关于承重构件的布置，使用的材料，构件形状、大小及内部构造的工程图样，是承重构件及其他受力构件施工的依据。其绘制的一般顺序是：建筑平面图/构件→构件详图及配筋→全部标注→插入图框等。通常，施工图是在建筑平面图的基础上，表述相关结构信息。

【例4.9】　绘制柱配筋平面图(图4.53)。

【绘制步骤】

(1)绘制轴网并标注(详见建筑施工平面图绘制步骤一：轴网绘制，如图4.50所示)。

(2)根据柱子的构造尺寸，绘制柱子及柱子的配筋、标注等。将其创建为块，然后执行"缩放"和"移动"命令调整比例和位置。

(3)插入图框、图签。

4.5.3　给水排水施工图绘制

给水排水施工图主要包括给水排水管道的走向、管径大小、各种卫生设备规格型号等内容。其绘制的一般顺序是建筑平面图→卫生设备及设施→标注→插入图框等。

【例4.10】　绘制给水排水施工图(图4.54)。

【绘制步骤】

(1)绘制建筑施工平面图(详见4.5.1建筑施工平面图绘制，如图4.52所示)。

(2)利用"多段线"命令和线型设置，分别绘制给水和排水管路。用相关命令绘制卫生设备及给排水设施，并标注。

(3)插入图框、图签。

4.5.4　电气施工图绘制

电气施工图主要包括电线走向、电器设备、照明系统具体构造和位置，是电气施工的依据。其绘制的一般顺序是建筑平面图→电器设备、照明系统→电线走向→插入图框等。

【例4.11】　绘制电气施工图(图4.55)。

【绘制步骤】

(1)绘制建筑施工平面图(详见4.5.1建筑施工平面图绘制，如图4.52所示)。

(2)绘制并插入电器设备、照明系统构件，然后插入定位构件。

(3)执行"多段线"命令绘制电线。

(4)进行文字标注并插入图框、图签。

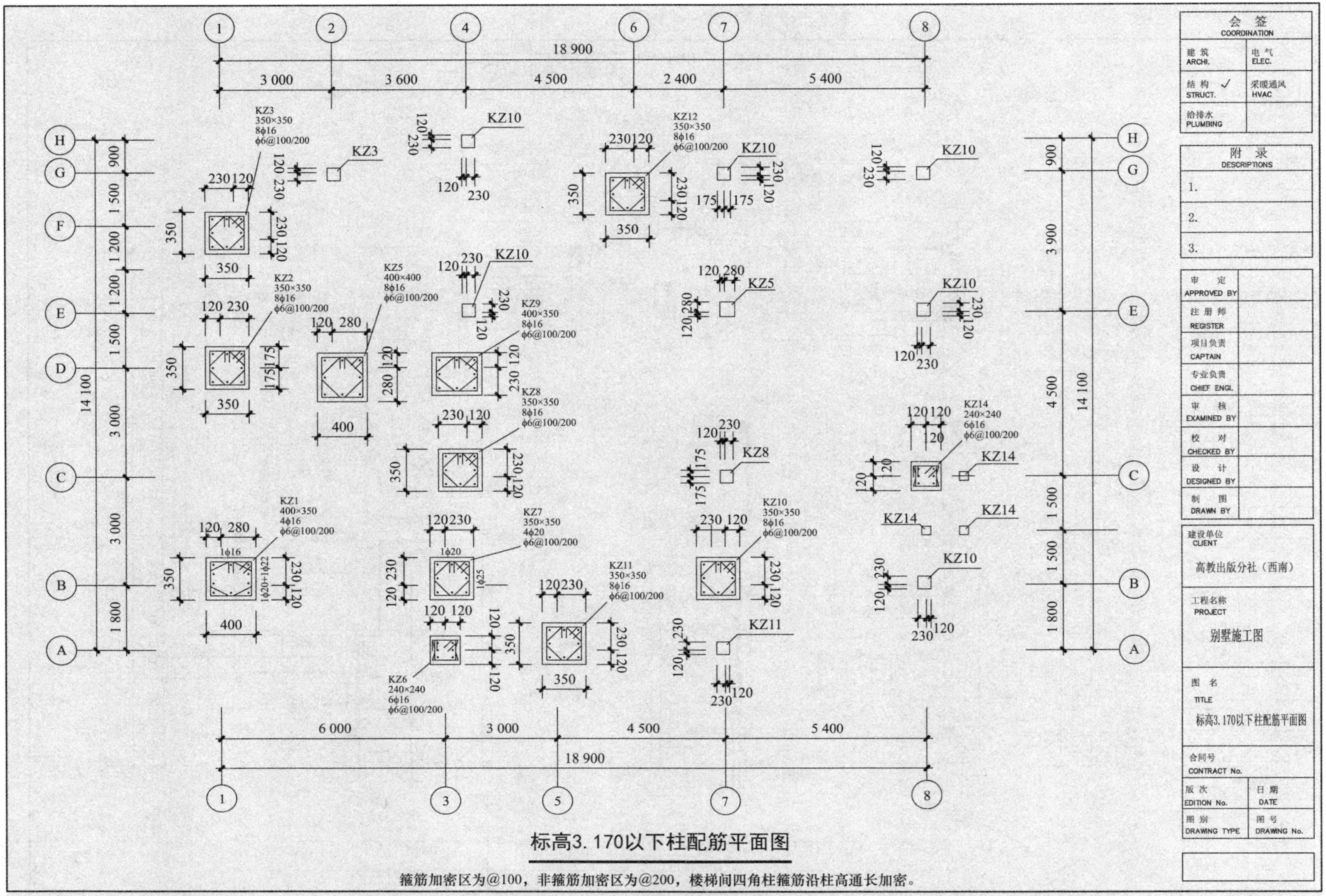
标高3. 170以下柱配筋平面图
箍筋加密区为@100，非箍筋加密区为@200，楼梯间四角柱箍筋沿柱高通长加密。
KZ1
400×350
4ϕ16
ϕ6@100/200
KZ2
350×350
8ϕ16
ϕ6@100/200
KZ3
350×350
8ϕ16
ϕ6@100/200
KZ5
400×400
8ϕ16
ϕ6@100/200
KZ6
240×240
6ϕ16
ϕ6@100/200
KZ7
350×350
4ϕ20
ϕ6@100/200
KZ8
350×350
8ϕ16
ϕ6@100/200
KZ9
400×350
8ϕ16
ϕ6@100/200
KZ10
350×350
8ϕ16
ϕ6@100/200
KZ11
350×350
8ϕ16
ϕ6@100/200
KZ12
350×350
8ϕ16
ϕ6@100/200
KZ14
240×240
6ϕ16
ϕ6@100/200
18 900
14 100
会 签
COORDINATION
建 筑
ARCHI.
电 气
ELEC.
结 构 ✓
STRUCT.
采暖通风
HVAC
给排水
PLUMBING
附 录
DESCRIPTIONS
1.
2.
3.
审 定
APPROVED BY
注 册 师
REGISTER
项目负责
CAPTAIN
专业负责
CHIEF ENGI.
审 核
EXAMINED BY
校 对
CHECKED BY
设 计
DESIGNED BY
制 图
DRAWN BY
建设单位
CLIENT
高教出版分社（西南）
工程名称
PROJECT
别墅施工图
图 名
TITLE
标高3. 170以下柱配筋平面图
合同号
CONTRACT No.
版 次
EDITION No.
日 期
DATE
图 别
DRAWING TYPE
图 号
DRAWING No.

图 4. 53 柱配筋平面图

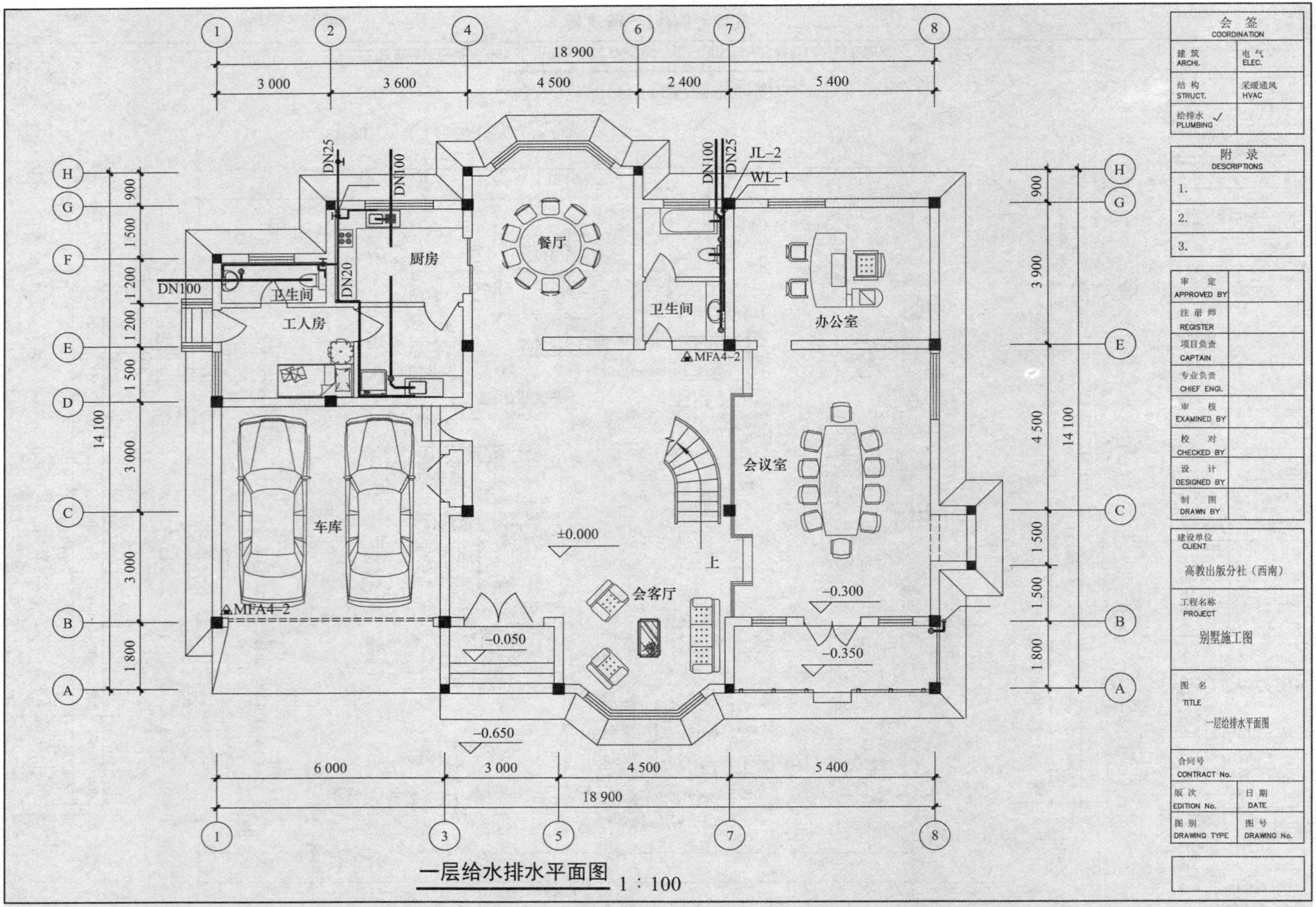

一层给水排水平面图 1:100

图 4.54 一层给水排水平面图

办公室
会议室
卫生间
餐厅
会客厅
厨房
工人房
卫生间
车库

上

-0.300
-0.350
±0.000
-0.050
-0.650

JL-2
WL-1
DN25
DN100
MFA4-2
DN100
DN20
DN25
DN100
MFA4-2

会 签 COORDINATION
建 筑 ARCH.
给 构 STRUCT.
给排水 PLUMBING
电 气 ELEC.
采暖通风 HVAC

附 录 DESCRIPTIONS
1.
2.
3.

审 定 APPROVED BY
注册师 REGISTER
项目负责 CAPTAIN
专业负责 CHEF ENG.
审 核 EXAMINED BY
校 对 CHECKED BY
设 计 DESIGNED BY
制 图 DRAWN BY

建设单位 CLIENT 高教出版分社（西南）
工程名称 PROJECT 别墅施工图
图 名 TITLE 一层给水排水平面图

合同号 CONTRACT No.
版 次 EDITION No.
图 别 DRAWING TYPE
日 期 DATE
图 号 DRAWING No.

14 100
900 3 900 4 500 1 500 1 500 1 800
900 1 500 1 200 1 200 1 500 3 000 3 000 1 800

5 400 2 400 4 500 3 600 3 000
18 900

5 400 4 500 3 000 6 000
18 900

H G E C B A
H G F E D C B A
8 7 6 5 4 3 2 1

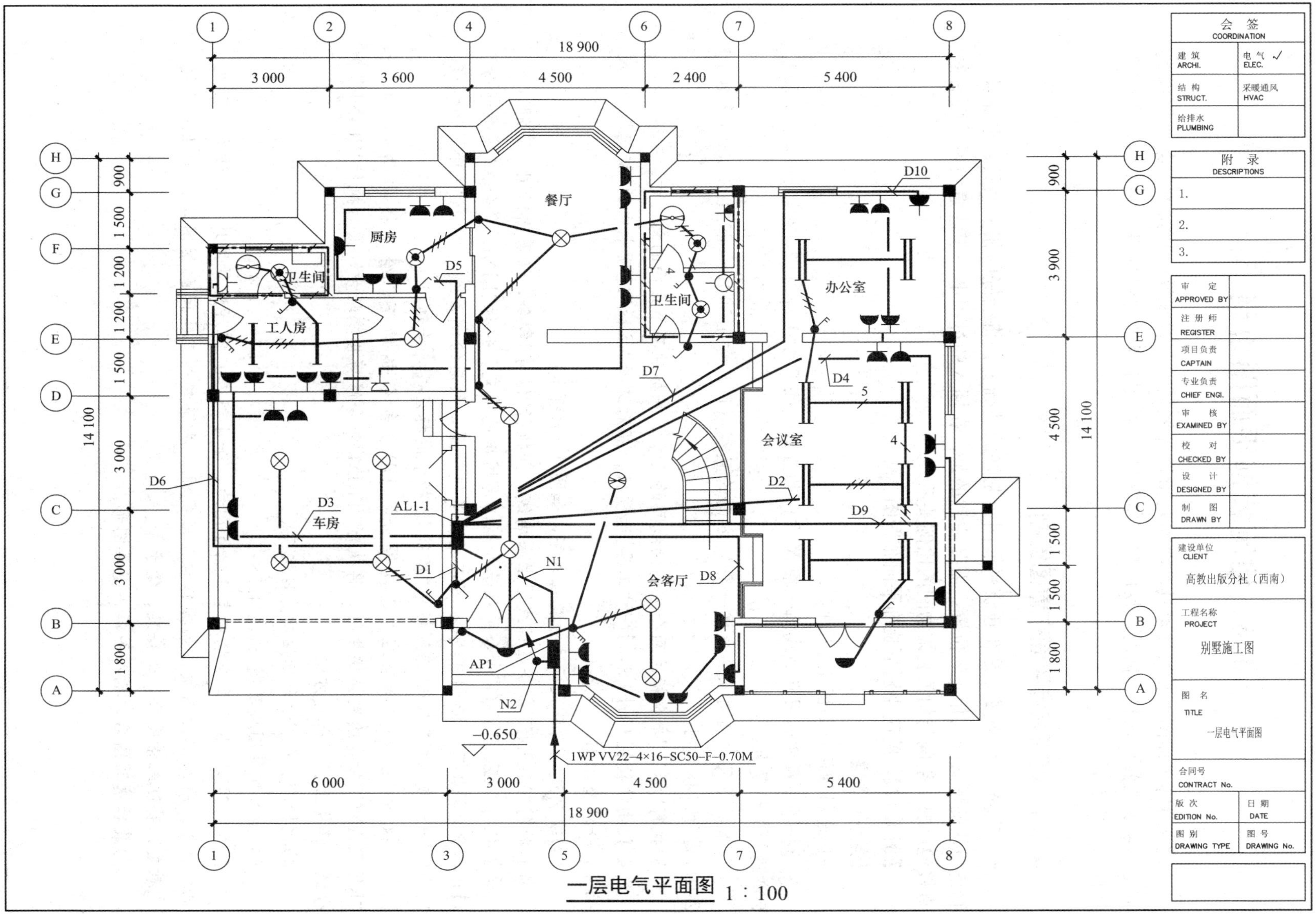

18 900
3 000
3 600
4 500
2 400
5 400
14 100
900
1 500
1 200
1 200
1 500
3 000
3 000
1 800
3 900
4 500
1 500
1 500
1 800
6 000
3 000
4 500
5 400
18 900
餐厅
厨房
卫生间
工人房
卫生间
办公室
会议室
车房
会客厅
D1
D2
D3
D4
D5
D6
D7
D8
D9
D10
AL1-1
AP1
N1
N2
−0.650
1WP VV22−4×16−SC50−F−0.70M
一层电气平面图 1：100
会 签
COORDINATION
建 筑
ARCHI.
电 气 √
ELEC.
结 构
STRUCT.
采暖通风
HVAC
给排水
PLUMBING
附 录
DESCRIPTIONS
1.
2.
3.
审 定
APPROVED BY
注 册 师
REGISTER
项目负责
CAPTAIN
专业负责
CHIEF ENGI.
审 核
EXAMINED BY
校 对
CHECKED BY
设 计
DESIGNED BY
制 图
DRAWN BY
建设单位
CLIENT
高教出版分社（西南）
工程名称
PROJECT
别墅施工图
图 名
TITLE
一层电气平面图
合同号
CONTRACT No.
版 次
EDITION No.
日 期
DATE
图 别
DRAWING TYPE
图 号
DRAWING No.

图 4.55 一层电气平面图

4.6 建筑装饰平面图绘制

建筑装饰平面图主要通过家具、电器及植物等配景的布置来反映建筑物在某个层面上的空间功能的具体信息，同时，反映房间空间的大小及布置的协调性等相关信息，是建筑装饰施工的依据。

4.6.1 建筑装饰平面布置图绘制

建筑装饰平面布置图是在建筑平面图绘制好的基础上，将绘好的相关家具、电器及植物图以块的形式插入相应的位置。需要注意的是，在插入的过程中一定注意块尺寸要客观直接地反映出空间与相关装饰物间的比例关系。

【例4.12】 绘制小别墅装饰平面布置图。

【绘制步骤】

(1)绘制轴网，如图4.56所示。

1)按实际尺寸选用点画线画一条 X 方向的直线；用尺寸 1 380、3 120、3 600、5 700、900 进行偏移复制。

2)按实际尺寸选用点画线画一条 Y 方向的直线；用尺寸 1 500、3 600、3 300、2 400、2 400 进行偏移复制。

3)执行"标注"命令标注两个方向轴线间的尺寸，并标注两个方向的总尺寸。

4)使用快捷键 Ctrl+3，打开"工具"选项板，然后选择"注释"选项卡中的"标记"，插入轴号，并调整比例。

(2)绘制建筑构件及标注功能性文字，如图4.57所示。

1)执行"MLINE"命令在轴线图上画墙线，并执行"修剪"命令，修剪出门洞、窗洞。

2)执行"RECTANG"命令画柱子外框，再用单色填充。执行"LINE"命令在"定数等分"(DIV)命令辅助下，绘制窗线(也可以通过多线设置，然后绘制多线)。执行"LINE"命令和"ARC"命令或选择"工具"选项板中"建筑"选择卡的标记 绘制门。

3)执行"LINE"命令在"定数等分"(DIV)命令辅助下，绘制楼梯踏步，执行"RECTANG"命令绘制楼梯栏杆，再执行"TRIM"命令修剪楼梯踏步，最后执行"PLINE"命令绘制楼梯上、下行走方向。

4)执行"TEXT"命令标注功能性文字。

(3)插入配景图块及图框(图4.58)。

1)执行"INSERT"命令插入车库配景图块，如小汽车；客厅配景图块，如沙发、茶几、电视机等；厨房配景图块，如操作台、燃气灶、洗涤盆；卫生间配景图块，如抽水马桶、洗漱盆；餐厅配景图块，如餐桌、凳子等。

2)最后填写图名，插入图框，完善图形。

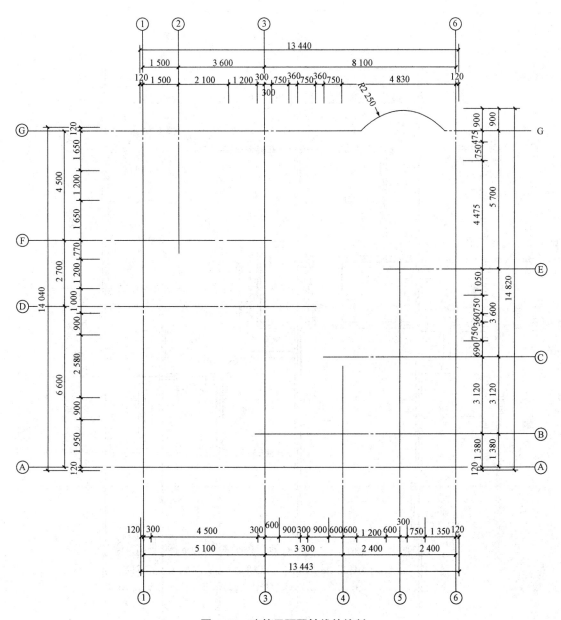

图 4.56　建筑平面图轴线的绘制

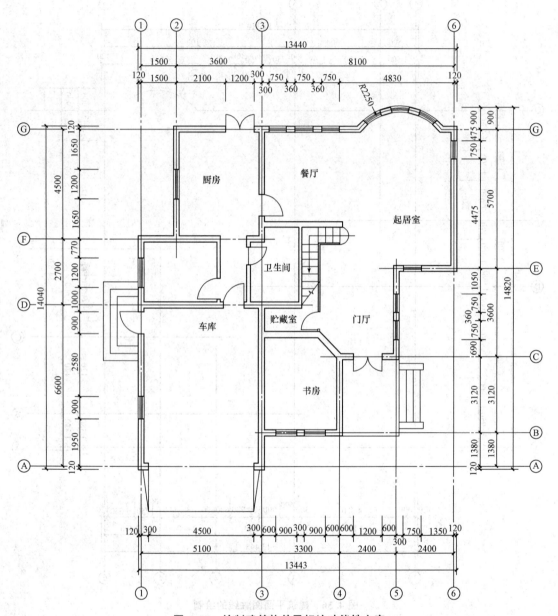

图 4.57　绘制建筑构件及标注功能性文字

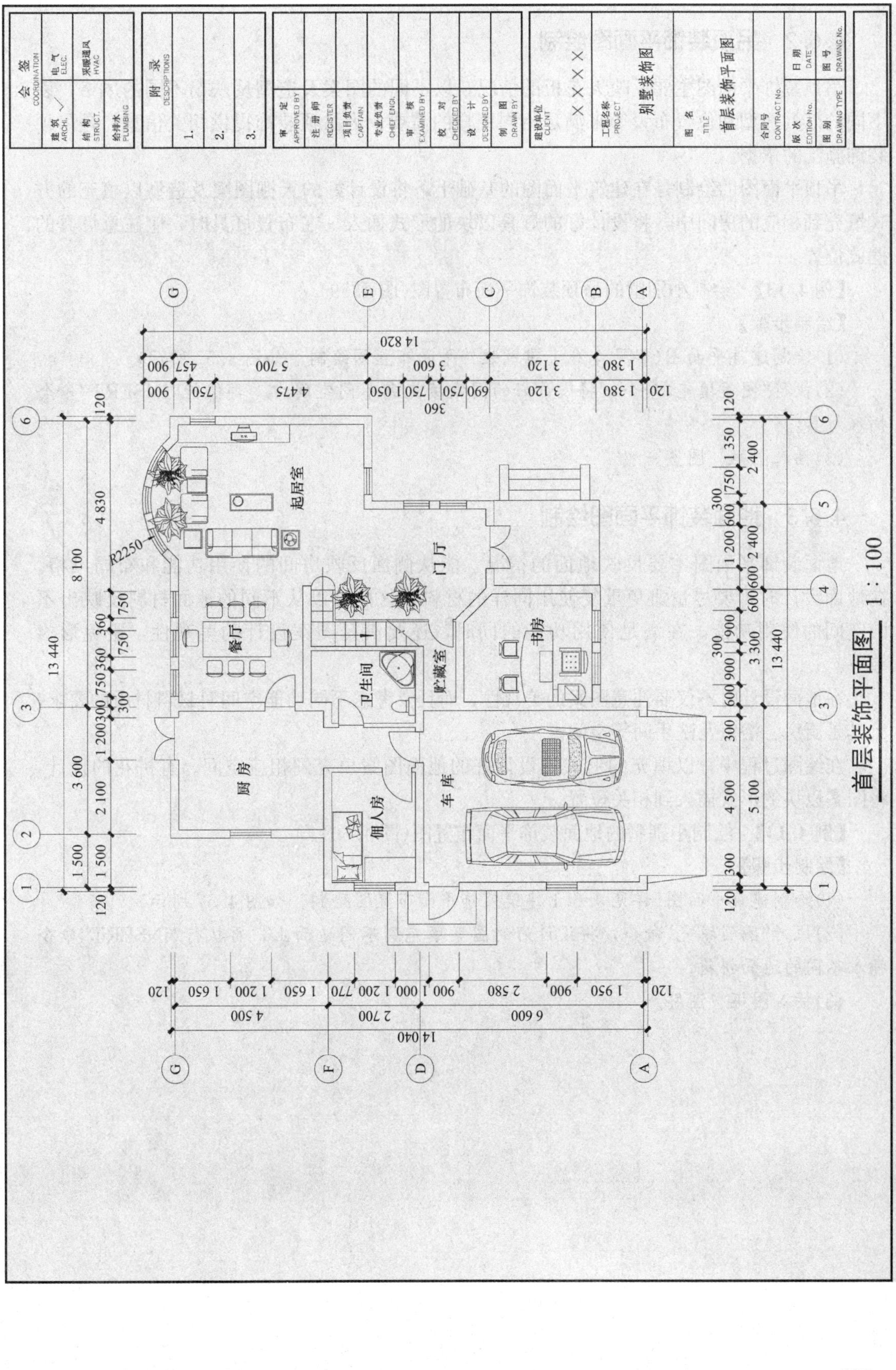

首层装饰平面图 1:100

图 4.58 首层装饰平面布置图

4.6.2 吊顶装饰平面图绘制

吊顶装饰平面图主要反映天花板的情况，以不同的图案及造型反映出不同的风格，以不同的灯具造型和位置布置等来满足不同用户的需要，为吊顶装饰提供相关信息，是吊顶装饰施工的依据。

吊顶平面图的绘制是在建筑平面图的基础上，将设计好的天棚图案及造型以填充的方式填充到相应的房间中，将设计好的灯具以块的形式插入。在布置灯具时，应注意灯具的摆放位置。

【例4.13】 绘制小别墅的吊顶装饰平面布置图(图4.59)。

【绘制步骤】

(1)绘制建筑平面图(详见4.6.1建筑装饰平面布置图绘制，如图4.57所示)。

(2)执行"图案填充"命令，将设计好的图案填充到不同空间中，再执行"INSERT"命令插入灯具。

(3)插入图框、图签。

4.6.3 地面装饰平面图绘制

地面装饰平面图主要反映地面的情况，能从侧面反映房间的使用功能和布局风格。在地面设计时，要尽量避免重复使用同样的材料，这样可以从不同的地面材料反映出不同空间的使用功能。在满足使用功能的同时，还要满足图案设计的美观性，避免形式单一。

在地面设计时不仅要注意图案的美观性，而且要考虑不同功能空间对材料材质的要求，尤其是厨房、浴室及洗手间等空间。

在绘图过程中，以填充的形式将设计好的地面图案填充到相应空间。有拼花的设计，将图案以块的形式插入到相关位置。

【例4.14】 绘制小别墅的地面装饰平面布置图(图4.60)。

【绘制步骤】

(1)绘制建筑平面图(详见4.6.1建筑装饰平面布置图绘制，如图4.57所示)。

(2)执行"图案填充"命令，将设计好的图案填充到不同地面上，再执行"INSERT"命令插入不同的地面拼花。

(3)插入图框、图签。

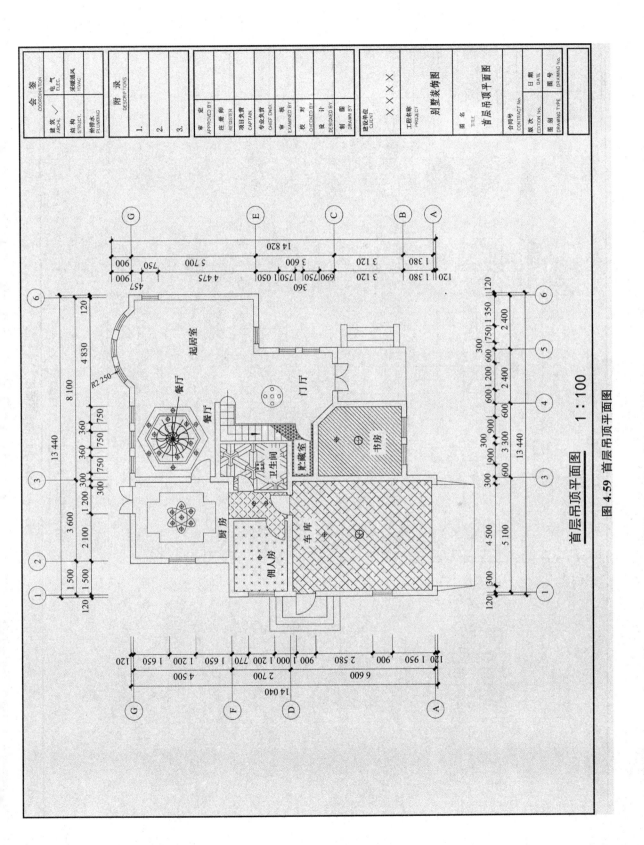

首层吊顶平面图 1 : 100

图 4.59 首层吊顶平面图

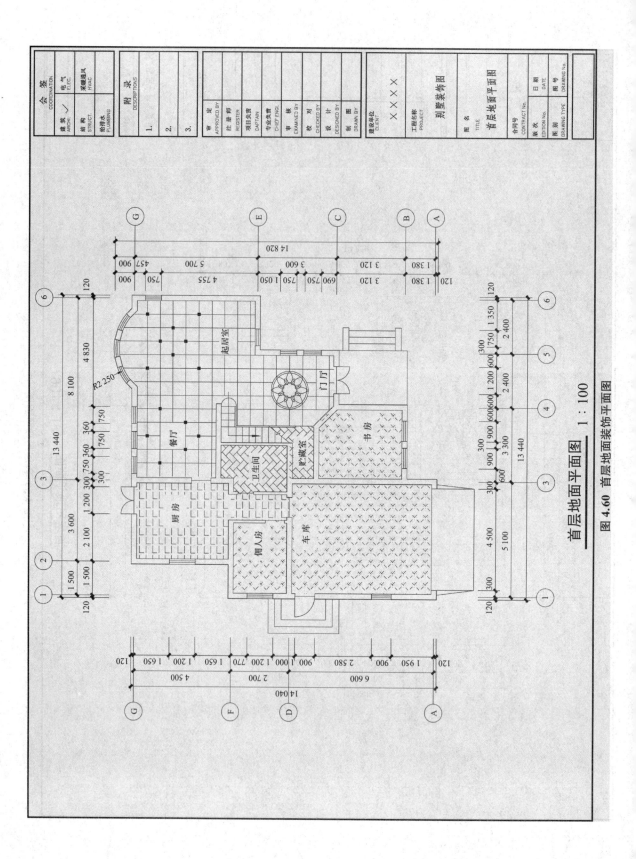

首层地面平面图　1：100

图4.60 首层地面装饰平面图

실训

【实训1】 标注技术要求。

实训要求：

(1)设置文字标准的样式，如图4.61所示。

> 1. 当无标准齿轮时，允许检查下列三项代替检查径向综合公差和一齿径向综合公差。
> a. 齿圈径向跳动公差F_r为0.056。
> b. 齿形公差f_f为0.016。
> c. 基节极限偏差$\pm f_{pb}$为0.018。
> 2. 用带凸角的刀具加工齿轮，但齿根不允许有凸台，允许下凹，下凹深度不大于0.2。
> 3. 未注倒角$C1$。
> 4. 尺寸为$\phi 30^{+0.05}_{-0.06}$的孔抛光处理。

图 4.61　实训 1 图

(2)利用"多行文字"命令进行标注。

(3)利用邮件菜单输入特殊字符。在输入尺寸公差时注意输入"＋0.05^ －0.06"，然后选择这些文字，单击"文字格式"对话框中的"堆叠"按钮。

【实训2】 标注图4.62所示的尺寸。

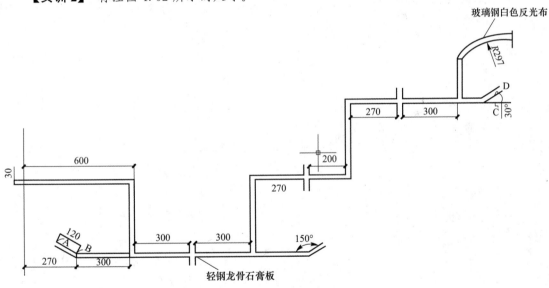

图 4.62　实训 2 图

实训要求：

(1)设置文字样式和标准样式。

(2)标注线性尺寸。

(3)标注直径尺寸。

(4)标注角度尺寸。

本章小结

在绘制完成各种建筑施工图后，要进行各种文本编辑、标注等。本章主要介绍 AutoCAD 2020 中的文本标注、文本编辑、图层管理及尺寸标注的应用。

思考与练习

1. 文字样式的执行方式有哪些？文字样式如何设置？
2. 简述多行文本标注命令操作方法。
3. 特殊字符如何标注？
4. 如何创建图层？如何设置图层的颜色、线性和线宽？
5. 一个完整的尺寸由哪几部分组成？
6. 如何新建"标注样式"？
7. 建筑平面图绘制的基本顺序是什么？
8. 什么是建筑装饰平面图？

第5章 建筑立面图绘制

1. 了解对象捕捉的模式，对象捕捉的相关设置。

2. 了解设置捕捉和栅格功能；掌握栅格显示功能的执行命令及各个参数设置。

3. 掌握等轴测图、正交方式、填充设置、图形界限的执行命令及各个参数设置。

4. 掌握缩放、平移、视图、重画的执行命令。

5. 了解用户坐标系定义、设置 UCS 坐标平面视图、求矩命令、求面积命令、列表命令。

6. 了解建筑立面图、建筑装饰立面图的绘制。

1. 能进行图形对象捕捉、绘图辅助工具各个命令的使用。

2. 能进行图形显示命令及使用实用命令的使用。

3. 能进行简单建筑立面图、装饰立面图的绘制。

1. 在绘图过程中，要认真仔细，对自己高要求、高标准。

2. 以适当的态度承担并完成任务，愿意承担一份责任。

3. 具有吃苦耐劳、爱岗敬业的职业精神。

5.1 对象捕捉

5.1.1 对象捕捉的模式

"对象捕捉"是 AutoCAD 中最为重要的工具之一。使用"对象捕捉"可以精确定位，用户在绘图过程中可直接利用鼠标指针准确地确定目标点，如圆心、端点、垂足等。表 5.1 列出了 AutoCAD 2020 常用的对象捕捉模式。

表 5.1　常用的对象捕捉模式

名称	命令	含义
临时追踪点	TT	建立临时追踪点

名称	命令	含义
两点之间中点	M2P	捕捉两个独立点之间的中点
捕捉自	FRO	与其他捕捉方式配合使用建立一个临时参考点，作为指出后继点的基点
端点	END	线段或圆弧的端点
中点	MID	线段或圆弧的中点
交点	INI	线、圆弧或圆等对象的交点
外观交点	APP	图形对象在视图平面上的交点
延长线	EXT	指定对象延伸线上的点
圆心	CET	圆或圆弧的圆心
象限点	QUA	距光标最近的圆或圆弧上可见部分象限点，即圆周上 0°、90°、180°、270°位置点
切点	TAN	最后生成的一个点到选中的圆或圆弧上引切线的切点位置
垂足	PER	在线段、圆、圆弧或其延长线上捕捉一个点，使最后生成的对象线与原对象正交
平行线	PAR	与指定对象平行的图形对象上的点
节点	NOD	捕捉用 Point 或 DIVIDE 等命令生成的点
插入点	INS	文本对象和图块的插入点
最近点	NEA	离拾取点最近的线段、圆、圆弧等对象上的点
无	NON	取消对象捕捉
对象捕捉设置	OSNAP	设置对象捕捉

5.1.2 对象捕捉的相关设置

（1）执行方式：

1）状态栏：单击状态栏中的"对象捕捉"按钮 。

2）菜单栏：执行菜单栏"工具"→"绘图设置"命令。

3）命令行：输入"OSNAP"（OS）。

4）快捷键：在绘图区中按住 Shift 键单击鼠标右键，然后选择"对象捕捉"设置。

（2）功能：用户根据需要事先设置一些对象捕捉模式，在绘图时 AutoCAD 能自动捕捉到已设捕捉模式的特殊点。

（3）操作方法：

执行菜单栏"工具"（T）→"绘图设置"（F）命令，或在状态栏"对象捕捉"处，单击右键后进行"设置"，或者输入"OSNAP"(OS)按 Enter 键，弹出"草图设置"对话框"对象捕捉"选项卡[图 5.1(a)]，用户可以通过对话框确定隐含对象捕捉，同时，还能设置对象捕捉时拾取框的大小。在此对话框中，还可以对常用的"捕捉和栅格""极轴追踪""动态输入"选项卡进行相应的操作，如图 5.1 所示。

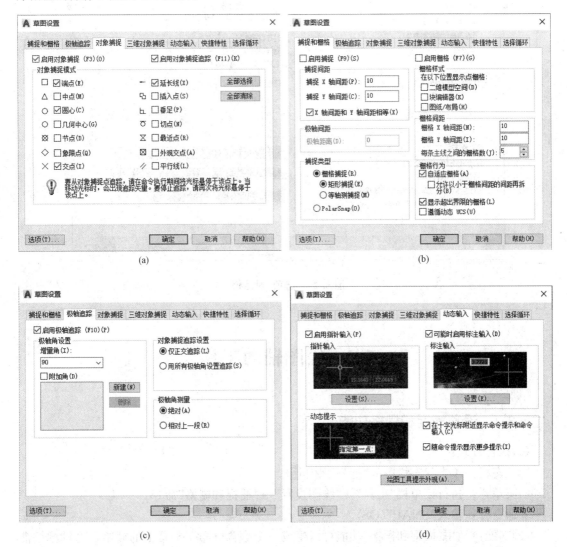

(a)

(b)

(c)

(d)

图 5.1 草图设置对话框

(a)"对象捕捉"设置；(b)"捕捉和栅格"设置；(c)"极轴追踪"设置；(d)"动态输入"设置

1)AutoSnap 功能：利用对象捕捉功能，用户可以对捕捉靶的大小、颜色进行调整。

操作方法：打开"对象捕捉"选项卡[图 5.1(a)]，在该选项卡中单击"选项"按钮，弹出"选项"对话框，或执行"工具"(T)→"选项"→"绘图"命令，设置捕捉靶的大小、颜色，如图 5.2 所示。

2)"对象捕捉"的启动方式：利用前面介绍的方法设置了隐含对象捕捉后，AutoCAD 就可以自动捕捉设置的点。但前提是必须先打开"对象捕捉"功能。单击状态栏上的"对象捕捉"按钮或按 F3 键，AutoCAD 就会在是否使用隐含对象捕捉功能之间切换。

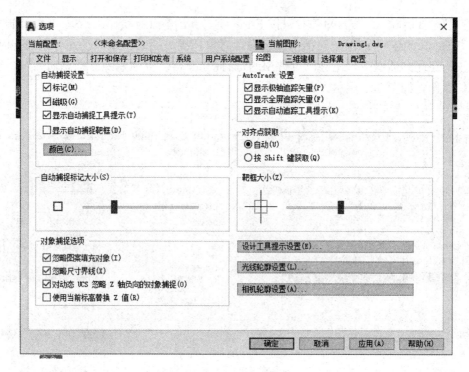

图 5.2 "选项"对话框

5.2 绘图辅助工具

5.2.1 设置捕捉和栅格功能

(1)执行方式：

1)状态栏：单击状态栏中的"捕捉"按钮 ▦。

2)菜单栏：执行菜单栏"工具"→"绘图设置"→"捕捉和栅格"命令。

3)命令行：输入"SNAP"(OS)。

(2)功能：利用"捕捉和栅格"功能可以生成一个隐含分布于屏幕上的栅格，这种栅格能够捕捉鼠标指针，使得鼠标指针只能落到其中的一个栅格点上。

(3)操作方法："捕捉和栅格"选项卡，如图 5.1(b)所示，用户可以通过选项卡确定隐含捕捉，或者在命令行里输入"SN"，通过选择命令行的各参数来选择捕捉模式。

提示：单击状态栏上的"捕捉"按钮或按 F9 键，AutoCAD 就会在是否使用捕捉功能之间切换。

5.2.2 栅格显示功能

(1)执行方式：

1)状态栏：单击状态栏中的"栅格"按钮 ▦。

2)菜单栏：执行菜单栏"工具"→"绘图设置"→"捕捉和栅格"命令。

3)命令行：输入"GRID"。

(2)功能：栅格是点的矩阵，遍布指定为图形栅格界限的整个区域。使用栅格类似于在图形下放置一张坐标纸。利用栅格可以对齐对象并直观显示对象之间的距离。

"栅格"模式和"捕捉"模式各自独立，但经常同时打开。直接按 F7 键，AutoCAD 就会在是否显示栅格之间切换。

(3)操作方法：

命令：GRID

栅格间距(X)或开(ON)/关(OFF)/捕捉(S)/纵横向间距(A)：

(4)参数设置：

1)栅格间距：该选项用来确定显示栅格的间距，为缺省项。该项 X 轴方向和 Y 轴方向的栅格间距相同。

2)栅格间距(X)：该选项允许用户以当前捕捉栅格间距与指定倍数之积作为显示栅格的间距。方法是用所希望的倍数紧跟一个"X"来响应。

3)开：执行该选项，AutoCAD 将按当前的设置在屏幕上显示栅格。

4)关：执行该选项，AutoCAD 停止栅格的显示。

提示：单击状态栏上的"栅格"按钮或按 F7 键可打开或关闭栅格显示功能。

5)捕捉：该选项表示显示栅格的间距与捕捉栅格的间距保持一致。

6)纵横向间距：该选项用来分别设置 X 轴方向与 Y 轴方向的显示栅格间距。执行该选项，AutoCAD 提示：

水平间距(X)<缺省值>：   (输入水平间距值)

垂直间距(X)<缺省值>：   (输入垂直间距值)

在上面的提示下，既可以直接输入某一数值作为相应的间距，也可以输入一个数值并紧跟一个"X"来响应。

【例 5.1】 设置网格间距为"20"，网格显示间距为"20"，打开网格显示，利用网格捕捉方式绘图，如图 5.3 所示。

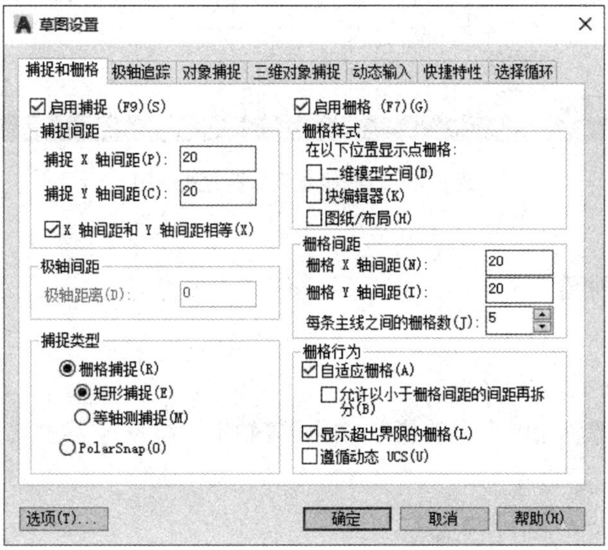

图 5.3 设置后的"捕捉和栅格"

【绘制步骤】

命令：SNAP

指定捕捉间距或[开(ON)/关(OFF)/纵横向间距(A)/旋转(R)/样式(S)/类型(T)]
<50.0000>：20

命令：

命令：GRID

指定栅格间距(X)或[开(ON)/关(OFF)/捕捉(S)/纵横向间距(A)]<50.0000>：20

结果如图5.3所示。

命令：(栅格　开)　　　　　　　　　　　　　　　　　　　(或直接按F7键)

命令：LINE

指定第一点：　　　　　　　　　　　　　　　　　　　　　　(鼠标点取)

指定下一点或[放弃(U)]：　　　　　　　　　　　　　　　　(鼠标点取)

指定下一点或[闭合(C)/放弃(U)]：　　　　　　　　　　　　(鼠标点取)

指定下一点或[闭合(C)/放弃(U)]：

其结果如图5.4所示。

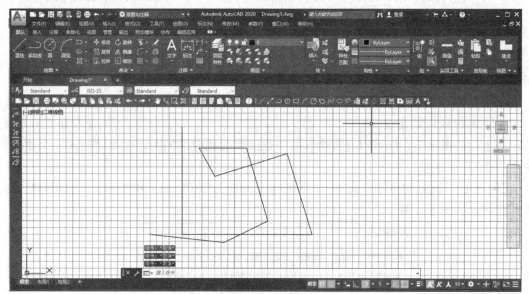

图5.4　以栅格显示捕捉方式绘图

5.2.3　等轴测图

(1)执行方式：

命令行：输入"ISOPLANE"。

(2)功能：设置等轴绘图平面的状态，用于等轴平面绘图。

(3)操作方法：

命令：ISOPLANE

当前等轴测平面：右

输入等轴测平面设置[左(L)/上(T)/右(R)](左)：

(4)参数设置：

1)左(L)：把等轴测面设置成左平面，如图5.5(a)所示。

2)上(T)：把等轴测面设置成上平面，如图5.5(b)所示。

3)右(R)：把等轴测面设置成右平面，如图5.5(c)所示。

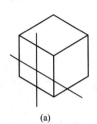 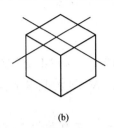 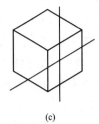

(a)　　　　　　　　　(b)　　　　　　　　　(c)

图 5.5　等轴测平面设置

(a)左侧平面；(b)顶(上)部平面；(c)右侧平面

提示：使用"ISOPLANE"命令之前，须打开"草图"对话框中的"极轴追踪"，这样才能显示等轴操作平面，主要用于画等轴测图。

【例5.2】　使用"ISOPLANE"命令设置等轴平面，结合其他命令绘图。

【绘制步骤】

命令：ISOPLANE

当前等轴测平面：右

输入等轴测平面设置[左(L)/上(T)/右(R)]〈左〉：

当前等轴测面：左

命令：line 指定第一点：(鼠标点取)

指定下一点或[放弃(U)]：〈正交 开〉(按F8键)水平方向40

指定下一点或[放弃(U)]：垂直方向40

指定下一点或[闭合(C)/放弃(U)]：水平反方向40

指定下一点或[闭合(C)/放弃(U)]：C闭合

命令：(等轴测平面　上)(按F5键，切换等轴测方式)

命令：line 指定第一点：指定顶边一角点

指定下一点或[闭合(C)/放弃(U)]：X方向40

指定下一点或[闭合(C)/放弃(U)]：Y方向40

指定下一点或[闭合(C)/放弃(U)]：捕捉左侧平面上一角点闭合

命令：(等轴测平面　右)(按F5键，切换等轴测方式)

命令：line 指定第一点：

指定下一点或[放弃(U)]：指定左侧图底边右角点

指定下一点或[放弃(U)]：水平方向40

指定下一点或[闭合(C)/放弃(U)]：向上垂直方向40

确定完成

本例中，切换等轴测图方式不必每次都用"ISOPLANE"命令；按F5键可以进行等轴平面的切换，如图5.6所示。

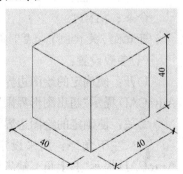

图 5.6　利用等轴平面绘图

5.2.4　正交方式

(1)执行方式：

1)状态栏：单击状态栏中的"正交"按钮▙▙。

2)命令行：输入"ORTHO"(F8)。

(2)功能：确定绘图时是否正交。

(3)操作方法：输入"ORTHO"命令，选择"正交"或"非正交"。所谓正交，是指绘图时鼠标指针只能沿水平或垂直方向画图。按 F8 键或单击状态栏上的"正交"按钮也可以在正交与非正交之间切换。

提示：在画水平和垂直线时，打开正交有助于提高绘图效率。打开"正交"将自动关闭极轴追踪。

5.2.5　填充设置

(1)执行方式：

命令行：输入"FILL"。

(2)功能：决定用 PLINE、SOLID、TRACE、DONUT 等命令绘制对象时是对所绘图全部填充，还是只绘轮廓，以便节省一些操作时间。

(3)操作方法：

命令：FILL

开(ON)/关(OFF)(当前值)：

提示："FILL"命令的初始化状态为"开"，即填充所绘对象。若选取"关"方式后绘图，AutoCAD 只显示有关对象的轮廓线，不填充。当改变 FILL 命令的状态时，不会影响已存在的对象，直到执行重新生成操作后(如 REGEN 命令)，才能改变显示。

5.2.6　图形界限

(1)执行方式：

1)菜单栏：执行菜单栏"格式"→"图形界限"命令。

2)命令行：输入"LIMITS"

(2)功能：确定绘图范围。

(3)操作方法：

命令：LIMITS

开(ON)/关(OFF)/<左下角> <缺省值>：

(4)参数设置：

1)开：使确定的绘图边界有效。执行该命令后，如果所绘对象超出了设定的边界范围，AutoCAD 提示"超出图形界限"并要求重新进行相应的绘图操作。

2)关：使确定的绘图边界无效。即执行该命令后，所绘对象不再受绘图边界的限制。

3)<左下角>：用来设定绘图边界左下角的坐标，为缺省项。输入左下角坐标后，AutoCAD 提示"右上角<缺省值>："，在此提示下输入所设绘图边界的右上角的坐标。

提示：确定了图形边界以后，如果绘图超出了设定的边界范围，AutoCAD 将提示一个错误"超出图形界限"。对于初学者来说，在绘图和图形编辑中，图块插入都是非常不便的，建议不要设置绘图边界。

5.3 图形显示

5.3.1 "缩放"命令

(1)执行方式：

1)工具栏：单击"标准"工具栏"缩放"按钮。

2)菜单栏：执行菜单栏"视图"→"缩放(Z)"→"实时(R)" ⁺ʚ **实时(R)** 命令。

3)命令行：输入"ZOOM"(Z)

(2)功能：放大或缩小屏幕上的对象的视觉尺寸，但对象的实际尺寸保持不变。

(3)操作方法：

命令：ZOOM

指定窗口的角点，输入比例因子(nX 或 nXP)，或者[全部(A)/中心(C)/动态(D)/范围(E)/上一个(P)/比例(S)/窗口(W)/对象(O)]<实时>：

(4)参数设置：

1)全部(A)：此选项将图上的全部图形显示在屏幕上。如果各对象均没有超出所设置的绘图范围(用"LIMITS"命令设置的范围)，则按图纸边界显示；如果有的对象画到图纸边界之外，显示的范围则扩大，以便将超出边界的部分也显示在屏幕上。执行该选项时，AutoCAD 要对全部图形重新生成，如图 5.7 所示。

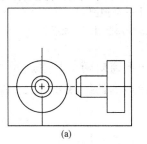
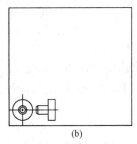

(a)   (b)

图 5.7 图形全部显示

(a)全部缩放之前；(b)全部缩放之后

2)中心(C)：缩放以显示由中心点和比例值/高度所定义的视图。高度值较小时增加放大比例；高度值较大时减小放大比例。在透视投影中不可用，如图 5.8 所示。

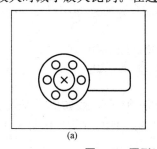
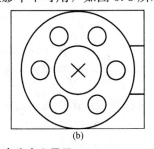

(a)   (b)

图 5.8 图形以中心点为中心显示

(a)中心缩放之前；(b)中心缩放之后，放大比例增加

3)范围(E)：执行该选项，AutoCAD将尽可能大地显示整个图形，此时与图形的边界无关，如图5.9所示。

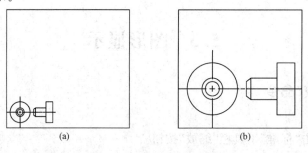

(a)　　　　　　　　(b)

图5.9　图形按照范围缩放

(a)范围缩放之前；(b)范围缩放之后

4)前一个(P)：该选项用来恢复上一次显示的图形，最多恢复此前的10个视图，如图5.10所示。

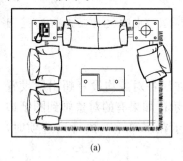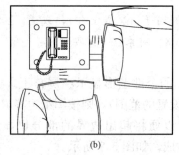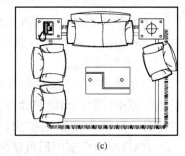

(a)　　　　　　　　　(b)　　　　　　　　　(c)

图5.10　恢复上一个视图

(a)原视图；(b)当前视图；(c)缩放上一个之后

5)窗口(W)：该选项允许用户以输入一个矩形窗口两个对角点的方式来确定要观察的区域。此时，窗口的中心变成新的显示中心，窗口内的区域被放大或缩小，以尽量占满显示屏幕，如图5.11所示。

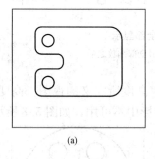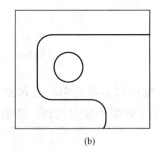

(a)　　　　　　　　(b)

图5.11　图形按照窗口范围缩放

(a)缩放窗口之前；(b)缩放窗口之后

6)动态(D)：该选项允许用户采用动态窗口缩放图形。假如执行该选项前屏幕中的绘图区底色为白色，那么执行该选项后屏幕上会出现动态缩放时的特殊屏幕模式。屏幕中有a、b、c三个方框，各框的作用如下：

a框是虚线(一般为蓝色)，表示整个绘图区域。

b框也是虚线(一般为绿色)，表示当前屏幕区，即上一次在屏幕上显示的图形区域相对于整个绘图区域的位置。

c框是选取视图框，用于在作图区域上选取下一次在屏幕上显示的图形域。c框的中心有一个小叉，其作用很像照相机上的"取景器"，可以通过移动鼠标等设备移动它，以便确定欲缩放的图形。具体选取步骤如下：

首先，通过移动鼠标光标移动该框，使框的左边线与欲显示区域的左边线重合；然后，按鼠标左键进行拾取，此时框内的叉消失，同时出现一个指向该框右边线的箭头，这时可以通过拖动鼠标光标的方式改变选取视图框的大小，以确定新的显示区域。无论视图框怎样变化，AutoCAD 将自动保持水平边和垂直边的比例不变，以保持其形状与屏幕的图形区相似。选好框的大小，即选好要显示的区域后按 Enter 键，AutoCAD 将按该框确定的区域在屏幕上显示图形。用户也可以不按 Enter 键而按鼠标的拾取键，此时框中心的小叉又重新出现，用户可以用拖动鼠标的方式按当前框的大小来确定欲显示的区域，确定好显示区域后按 Enter 键。

由此可以看出，利用"ZOOM"命令的"动态"选项可以方便地实现前面所介绍的"全部""中心""范围""前一个""窗口"选项的功能。

7)比例(X/XP)：允许用户以输入一数值作为缩放系数的方式缩放图形，有绝对缩放、相对当前可见视图缩放和相对图纸空间单元缩放 3 种形式。

①相对当前可见视图缩放：如果在输入缩放系数的同时再输入一个"X"，则该缩放系数是相对于当前可见视图的缩放系数，执行结果是使图形按该缩放系数相对当前可见视图进行缩放。

仍用上面的例子，即：

命令：ZOOM

全部(A)/中心(C)/动态(D)/范围(E)/前一个(P)/比例(S)/(X/XP)/窗口(W)/<实时>：S

输入比例因子：2X

执行结果则是使所示的图形再放大 1 倍。

②相对图纸空间单元缩放：在图纸空间执行"ZOOM"命令后，通过输入一个缩放系数并紧接一个"XP"，就可以使现行视区中的图形相对于当前的图纸空间缩放。

8)实时：实时缩放。在"全部(A)/中心(C)/动态/(D)/范围(E)/前一个(P)/比例(S)/(X/XP)/窗口(W)/<实时>："提示下按 Enter 键，即执行缺省项，AutoCAD 会在屏幕上出现一个类似于放大镜的小标记，并在状态标上有提示。此时，按鼠标左键进行拾取并垂直拖动进行缩放。向加号方向拖动屏幕图形放大，向减号方向拖动屏幕图形缩小。若按 Esc 键或 Enter 键，AutoCAD 结束"ZOOM"命令；如果单击鼠标右键，则会弹出图 5.12 所示的快捷菜单，用户可利用其进行操作。

图 5.12　快捷菜单 1

5.3.2　"平移"命令

(1)执行方式：

1）工具栏：单击"标准"工具栏中的"平移"按钮。

2）菜单栏：执行菜单栏"视图"→"平移"命令。

3）命令行：输入"PAN"(P)。

（2）功能：将屏幕上的对象平行移动，但对象的实际尺寸保持不变。

（3）操作方法：

命令：PAN

显示：

按 Esc 键或 Enter 键退出，或单击鼠标右键显示快捷菜单。

此时，出现一个手掌形平移标记，可以上、下、左、右移动图形。

如果按 Esc 键或 Enter 键，则退出此操作。如果单击鼠标右键，则显示如图 5.13 所示的快捷菜单。

图 5.13　快捷菜单 2

5.3.3 "视图"命令

（1）执行方式：

1）菜单栏：执行菜单栏"视图"→"命名视图"(N)命令。

2）命令行：输入"VIEW"。

（2）功能：将当前图形定义成视图，当前图形可以是二维图形或三维图形。

（3）操作方法：

命令：VIEW

弹出如图 5.14 所示的对话框，由对话框进行操作。

"新建视图"对话框中的相关参数：

（1）新建(N)：新建一个视图，将弹出另一个对话框(图 5.15)，由对话框进行操作。

（2）置为当前(C)：把视图设置为当前视图。

（3）更新图层(L)：更新当前的图层。

（4）编辑边界(B)：编辑修改图形的边界。

（5）删除(D)：删除当前的视图。

图 5.14　"视图管理器"对话框

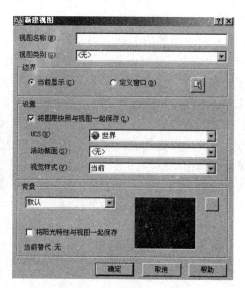

图 5.15　"新建视图"对话框

5.3.4 "重画"命令

(1)执行方式：

1)菜单栏：执行菜单栏"视图"→"重画" 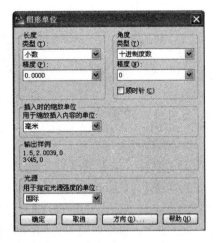 重画(R)命令。

2)命令行：输入"REDRAW"(RE)。

(2)功能：AutoCAD 重画当前视图，删除点标记和编辑命令留下的杂乱显示的内容（杂散像素）。

5.3.5 设置单位

(1)执行方式：

1)菜单栏：执行菜单栏"格式"→"单位" 单位(U)命令。

2)命令行：输入"DDUNITS"(UN)。

(2)功能：执行"DDUNITS"命令，AutoCAD 将弹出"图形单位"对话框（图 5.16）。在该对话框中，"长度"设置区的"类型"用来设置长度单位，可根据需要从中选取。单击"精度"组合框右侧的箭头，则会弹出一列表，可从中选择长度单位的精度。

在"角度"设置区中"类型"给出了 AutoCAD 允许的角度单位。其中，"精度"组合框用来选择角度的精度。

图 5.16 "图形单位"对话框

5.3.6 用户坐标系定义

(1)执行方式：

1)菜单栏：执行菜单栏"工具"→"新建 USC"命令。

2)工具栏：UCS 工具栏。

3)命令行：输入"UCS"。

(2)功能：在二维空间或三维空间工作时，可以定义一个用户坐标系，用户坐标系的原点和方向与世界坐标系的原点和方向不同。在 AutoCAD 中，可以创建并保存任意多个用户坐标系，然后根据需要调用这些坐标系，以简化创建二维和三维对象的过程。

(3)操作方法：

命令：UCS

指定 UCS 的原点或[面(F)/命名(NA)/对象(OB)/前一个(P)/视图(V)/世界(W)/X/Y/Z/ Z 轴(ZA)]＜世界＞：

(4)参数设置：

1)原点(Origin)：定义一个新的坐标原点。

2)对象(OB)：通过指定一个对象来定义一个新的坐标系。

3)前一个(P)：恢复前一个 UCS。

4)视图(V)：将 UCS 的 XY 平面与垂直于观察方向的平面对齐。原点保持不变，但 X

轴和 Y 轴分别变为水平和垂直。

5）世界（W）：设置坐标系为世界 UCS。

5.3.7 设置 UCS 坐标平面视图

（1）执行方式：

1）菜单栏：执行菜单栏"视图"→"三维视点"→"平面视图"命令。

2）命令行：输入"PLAN"。

（2）功能：利用该命令，用户可以选择多种坐标系下的平面视图。

注意：PLAN 命令的执行只改变视图显示的方向，不改变当前的 UCS。

5.4 实用命令

5.4.1 求距命令

（1）执行方式：

1）工具栏：单击"查询"工具栏中的"距离"按钮。

2）菜单栏：执行菜单栏"工具"→"查询"→"距离 距离 (D)"命令。

3）命令行：输入"DIST"（DI）。

（2）功能：求指定两点之间的距离及有关的角度，其以当前的绘图单位显示。

5.4.2 求面积命令

（1）执行方式：

1）工具栏：单击"查询"工具栏"距离"下拉列表中的"面积"按钮。

2）菜单栏：执行菜单栏"工具"→"查询"→"面积 面积 (A)"命令。

3）命令行：输入"AREA"（AA）。

（2）功能：求由若干个点所确定区域或由指定对象所围成区域的面积与周长，还可以进行面积的加、减运算。

（3）参数设置：

1）第一个角点：求由若干个点的连线所围成的封闭多边形的面积和周长，该选项为缺省项。如果不闭合这个多边形，将假设从最后一点到第一点绘制了一条直线，然后计算所围区域中的面积。计算周长时，该直线的长度也会计算在内。

2）对象（O）：求指定对象所围成区域的面积。

可以计算圆、椭圆、样条曲线、多段线、多边形、面域和三维实体的面积。如果选择开放的多段线，将假设从最后一点到第一点绘制了一条直线，然后计算所围区域的面积。计算周长时，将忽略该直线的长度。计算面积和周长时将使用宽多段线的中心线。

3）增加面积（A）：进入加法模式，即把新选取对象的面积加入总面积中。

4）减少面积（S）：进入减法模式，即把新选取对象的面积从总面积中扣除。执行该选项，AutoCAD 提示"（指定第一点）/对象（O）/加（A）"。

此时，用户可以通过输入点或选取对象的方式求某区域的面积，AutoCAD 则把由后续操作确定的新区域面积从总面积中扣除。

5.4.3 "列表"命令

（1）执行方式：

1）工具栏：单击"查询"工具栏中的"列表"按钮。

2）菜单栏：执行菜单栏"工具"→"查询"→"列表" [图标] 列表(L) 命令。

3）命令行：输入"LIST"（LI）。

（2）功能：以列表的形式显示描述所指定对象特征的有关数据。

【例 5.3】 列出图 5.17(a)中直线和矩形的信息。

【绘制步骤】

命令：LIST

选择对象：　　　　　　　　　　　　　 ┌按住鼠标左键用交叉窗口的方式选择两个对象，
弹出文本窗口，显示对象的信息，如图 5.17(b)所示┐

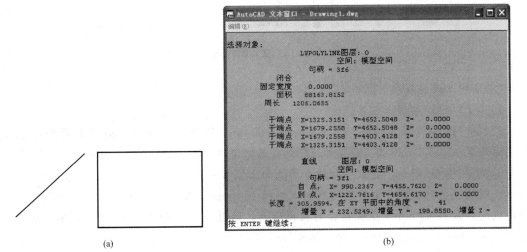

(a)

(b)

图 5.17 列表显示对象的信息

(a)对象；(b)对象信息

5.5　建筑立面图的绘制

建筑立面图是在与房屋立面相平行的投影面上所做的正投影图，由于观察的方向不同，建筑立面图可分为正立面图（南立面图）、东立面图、西立面图和北立面图。建筑平面图、立面图和剖面图的尺寸应相互一致，所以，在绘制建筑立面图时要时刻参照平面图上的尺寸绘制，确保绘图的精确性。

根据平行投影的原则，凡是立面图上的可见面和可见线都应画出。为了图形的清晰度和图面的美观性，建筑的外轮廓线用粗实线（宽 0.2~0.5 mm）画出；地坪线用加粗线（宽 0.7~0.8 mm）画出；而凸出墙面的雨篷、阳台、柱子、窗台、窗楣、台阶、花池等投影线用中粗线（一般默认线宽 0.25 mm 即可）画出；其余如门、窗及墙面分格线、落水管及材料符号引出线、说明引出线等用细实线(0.15~0.18 mm)画出。

5.5.1 建筑正立面图的绘制

【例5.4】 绘制建筑正立面图。

【操作步骤】

(1)图形绘制前的准备。新建一个图形文件并命名,建立所要使用的主要图层,如图5.18所示。

状	名称	开	冻结	锁	颜色	线型	线宽	透明度	打印...	打.	新	说明
☞	0	☼	☼	🔓	□白	Contin...	—— 默认	0	Color_7	🖨	🔂	
☞	标注	☼	☼	🔓	■绿	Contin...	—— 0....	0	Color_3	🖨	🔂	
✔	楼梯	☼	☼	🔓	□黄	Contin...	—— 默认	0	Color_2	🖨	🔂	
☞	轮廓线	☼	☼	🔓	□白	Contin...	—— 0....	0	Color_7	🖨	🔂	
☞	门窗	☼	☼	🔓	■青	Contin...	—— 默认	0	Color_4	🖨	🔂	
☞	其他	☼	☼	🔓	□白	Contin...	—— 默认	0	Color_7	🖨	🔂	
☞	墙线	☼	☼	🔓	□白	Contin...	—— 0....	0	Color_7	🖨	🔂	
☞	图块	☼	☼	🔓	□白	Contin...	—— 默认	0	Color_7	🖨	🔂	
☞	文字	☼	☼	🔓	□白	Contin...	—— 默认	0	Color_7	🖨	🔂	
☞	阳台	☼	☼	🔓	■洋红	Contin...	—— 默认	0	Color_6	🖨	🔂	
☞	轴线	☼	☼	🔓	■红	CENTERX2	—— 0....	0	Color_1	🖨	🔂	

图5.18 立面图的图层

(2)绘制立面轮廓线。

1)设置"墙线"层为当前层。

2)执行"矩形"命令,绘制19 440 mm×13 000 mm 的矩形。19 440 mm 为建筑外墙皮到外墙皮的尺寸,13 000 mm 为建筑室外地坪到四层檐口的距离。然后,将其分解为4条线段。

3)执行"偏移"命令,将最下面的水平线向上偏移600 mm,生成勒脚线。结果如图5.19所示。继续执行"偏移"命令将勒脚线向上偏移100 mm,生成首层的窗台线;将建筑左边外轮廓线向外偏移80 mm,生成窗台的挑出距离,修改线宽,如图5.20所示。先后使用"延伸""修剪"命令,完成细节的处理,结果如图5.21所示。

提示:当线宽显示打开时,矩形分解后的线宽仍为粗线,由此偏移后的线宽也为图层内设置的线宽,因此上面偏移后的线应根据需要改变线宽,结果如图5.20所示。

为了便于观察,在绘图过程中通常把线宽显示关闭,这样画图时更容易看到一些近距离的线条。

4)关闭线宽显示,把正交打开,以上面的水平线与外墙体的交点作为基点依次向上按3 000 mm、6 200 mm、9 200 mm、12 400 mm 的距离复制生成各层的窗台线,结果如图5.22所示。

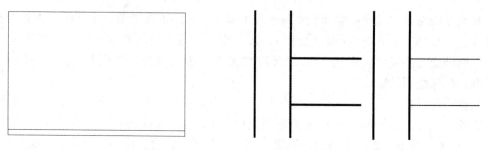

图5.19 偏移生成勒脚线　　　　图5.20 线宽改变前后的对比

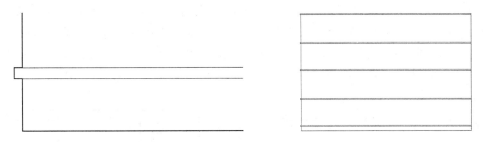

图 5.21　完成细节后的图形　　　　图 5.22　复制后的各楼层主体轮廓线

(3)绘制门。

1)设置"门窗"层为当前层。执行"矩形"命令，按照图 5.23 的尺寸绘制别墅立面图中的门窗，以待使用。

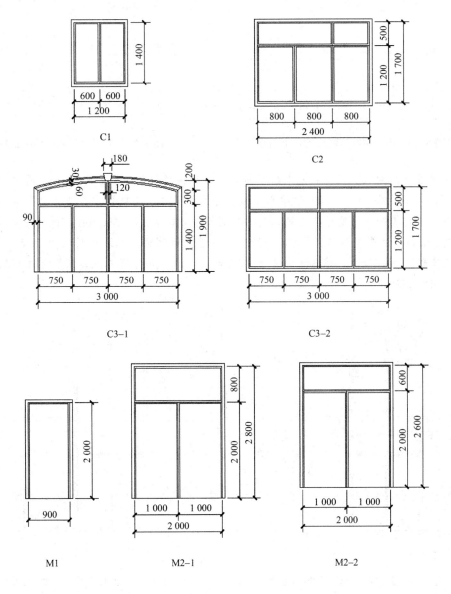

图 5.23　门窗尺寸

2)执行"偏移"命令，将左边外墙线向右偏移 1 220 mm，将各层的窗台线中的下面水平线分别向下偏移 400 mm，从而找出立面图中最左侧的各层门的左上角点。结果如图 5.24 所示。1 220 mm 为半个墙宽 120 mm 与轴线①到门洞口左侧距离 1 100 mm 之和。

3)执行"复制"命令，指定基准点为门左上角点，将绘制完成的 M2-1、M2-2 复制到精确位置，结果如图 5.25 所示。

图 5.24　绘制左侧门洞口的左上角点　　　　图 5.25　完成建筑左侧门的绘制

4)绘制首层左侧入户门。执行"偏移"命令，将勒脚线向上偏移 2 000 mm，再把偏移的线向上偏移 100 mm，得到入户门的过梁水平线。继续执行"偏移"命令，将左外墙皮线向右偏移 4 320 mm，得到④轴线，然后将④轴线向右分别偏移 240 mm、1 380 mm，得到左侧门框线和门的过梁右侧垂直线。用"删除""修剪"命令，删除多余的线条。结果如图 5.26 所示。

然后执行"复制"命令，以 M1 的左上角点为基点，A 点为第二点，将 M1 复制到精确位置，再利用"偏移"命令完成细节处理，如图 5.27 所示。

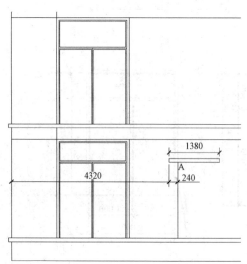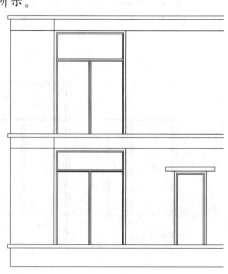

图 5.26　入户门的上、左侧门框线　　　　图 5.27　完成入户门的立面绘制

（4）绘制窗。

1)绘制首层窗。执行"偏移"命令，将门洞右框线向右偏移 660 mm，得到线段 AB，并把其延伸到 C 点作为窗户左上角的角点。结果如图 5.28 所示。

2)执行"复制"命令，指定基准点为 C2 左上角点，C 点为第二点，将 C2 复制到精确位置，删除多余线条，完成细节处理，结果如图 5.29 所示。

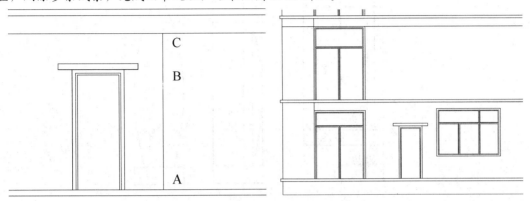

图 5.28　确定窗中心线的左上角点　　　　　图 5.29　完成首层窗的绘制

3)其余窗的绘制。参照上述绘制窗的方法，执行"偏移""复制""修剪"命令，把 C3-1、C3-2 复制到建筑的 2～4 层，结果如图 5.30 所示。

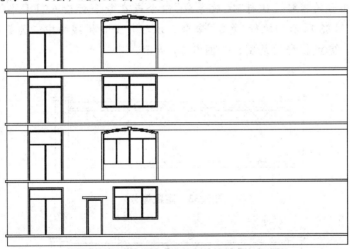

图 5.30　完成左侧 1～4 层立面图的绘制

（5）绘制阳台。

1)设置"阳台"层为当前层。参照图 5.31 所示的尺寸绘制阳台的轮廓线，按图 5.32 所示的尺寸绘制立面阳台的栏杆。

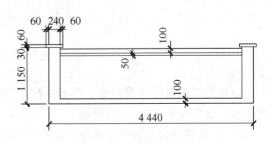

图 5.31　阳台的轮廓线

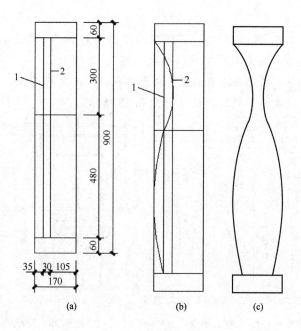

图 5.32　栏杆绘制

(a)辅助线；(b)圆弧线；(c)成品

2)布置立面阳台的栏杆。执行"定数等分"命令或在命令行输入"DIV"，把 A 线等分成 11 段。结果如图 5.33 所示。执行"复制"命令，以栏杆上口横线的中点为基点，以上面的各等分点为第二点，完成栏杆的复制，如图 5.34 所示。

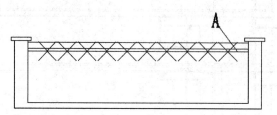

图 5.33　定数等分

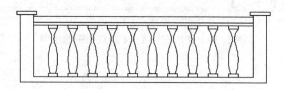

图 5.34　栏杆布置

3)布置绘制好的立面阳台。执行"复制""修剪""删除"命令完成阳台的修改与剩余部分的绘制。整理结果如图 5.35 所示。

(6)绘制首层室外楼梯。设置"楼梯"层为当前层并关闭"门窗"图层，按照图 5.36 绘制室外楼梯。

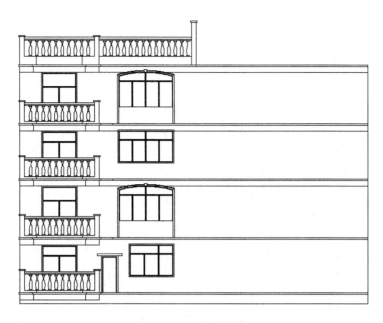

图 5.35 整理后的图形

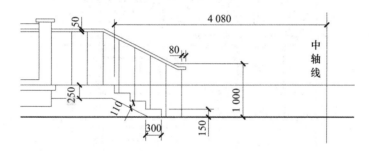

图 5.36 室外楼梯绘制

(7)绘制顶层立面及右侧立面。

1)设置"墙线"层为当前层。按照立面图的标高及图 5.37 所示的尺寸偏移直线，并进行整理，结果如图 5.38 所示。

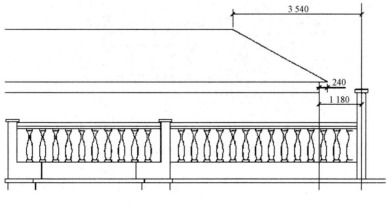

图 5.37 坡屋顶尺寸

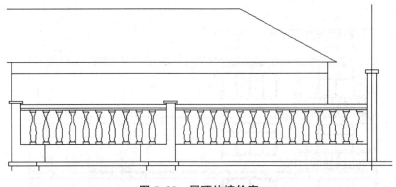

图 5.38　屋顶外墙轮廓

2)绘制顶层窗户。设置"门窗"图层为当前图层。将 C1 复制到精确位置，删除多余的线条，完成别墅左侧立面图的绘制，结果如图 5.39 所示。

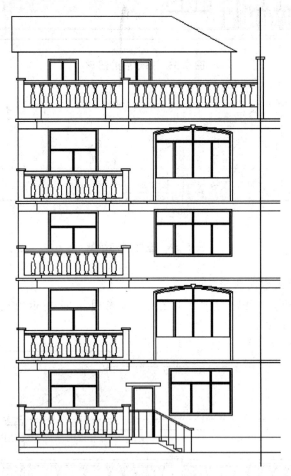

图 5.39　整理后的图形

3)绘制右侧立面图。执行"镜像"命令，以中轴线为对称轴，对绘制好的别墅的左侧立面图进行镜像，得到别墅的总立面图，结果如图 5.40 所示。处理立面图的中部细节部分，删除多余的线条并延长地坪线，如图 5.41 所示。

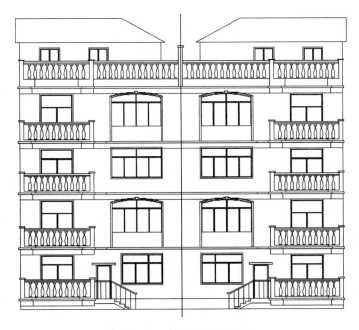

图 5.40　镜像后的立面图

图 5.41　立面图

(8)尺寸标注、标高及文字标注。图形绘制完成后，为了更清晰地观看建筑的层高、立面图上各个结构的尺寸，要对部件进行尺寸标注，用标高注写层高。

1)尺寸标注。设置"标注"层为当前层，执行菜单栏"格式"→"标注样式"命令，按照打印比例的大小修改标注样式；或者在命令行输入"D"，系统弹出"标注样式管理器"对话框，新建一个1：100的标注样式，并修改里面的参数，结果如图5.42所示。

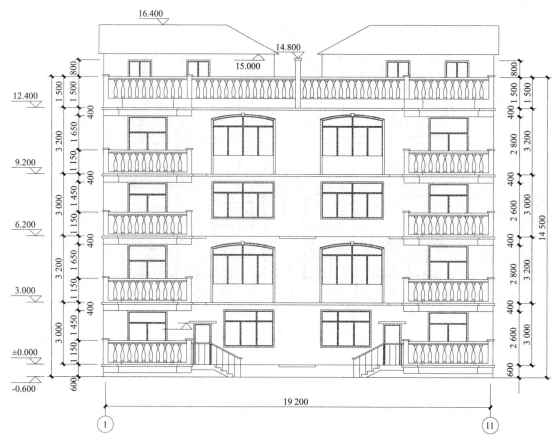

图 5.42　标注立面

2)建筑标高。设置"标注"层为当前层,按照图5.43所示绘制建筑的标高符号。

提示:为了以后绘图的方便,把标高符号创建成块。单击创建块图标或在命令行输入"B"命令,把标高符号做成块。此种方法做成的块只在当前的图形文件中适用。如用写块的方式把标高符号做成块存在电脑里,以后就可以插入块的方式调出使用。

3)输入命令"W",把标高符号做成块,存在电脑的目标位置。如图5.44所示。执行菜单栏"插入"→"块"命令或在命令行输入"I",按照比例1:100插入标高符号的块。按照标高方向及位置标注标高。用文本标注命令在标高符号处书写标高尺寸,然后用复制、文本编辑命令完成所用所有标高尺寸的标注,如图5.45所示。

4)标注材质。执行菜单栏"格式"→"多线样式"命令,弹出"多重引线样式管理器"对话框,修改里面的参数。用多重引线标注和文本标注完成建筑立面材质的说明,如图5.45所示。

(9)插入图签、图框。

1)用多行文本编辑图名、比例,字高分别设置为800、600。用多段线、直线命令绘制图名下面的线条,粗实线宽度设置为100,细实线宽度用默认线宽。

2)打开所用图层和线宽显示,检查图形并作相应修改。

3)插入A3图框,并利用缩放、移动等命令进行调整,结果如图5.46所示。

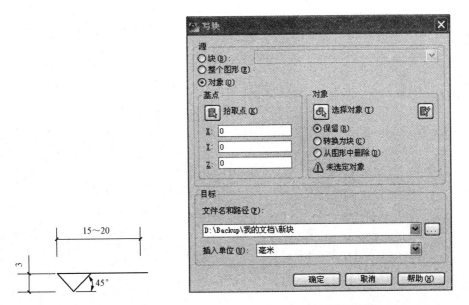

图 5.43　标高符号

图 5.44　标高符号写块

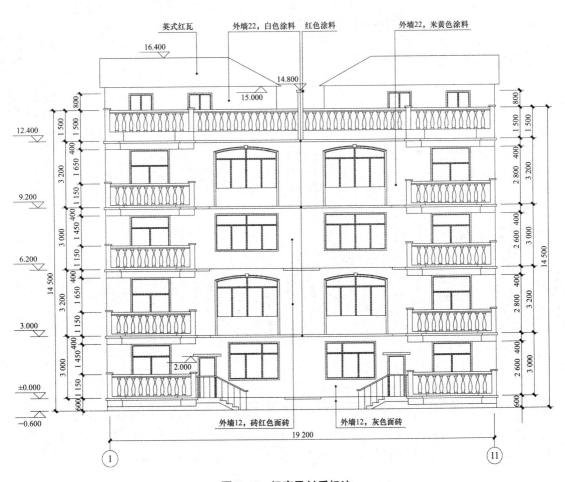

图 5.45　标高及材质标注

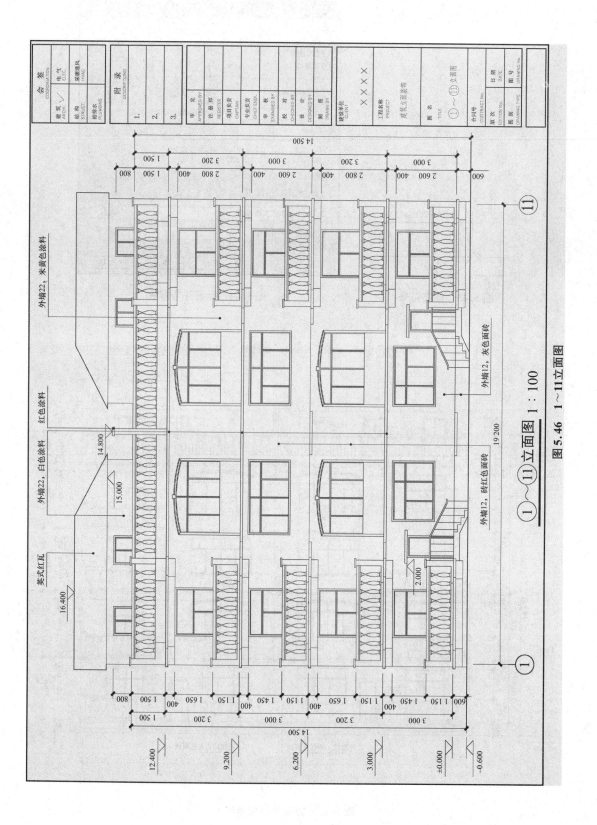

图 5.46 1~11立面图

5.5.2 建筑侧立面图的绘制

建筑侧立面图的绘制与正立面图的绘制思路基本相同，要注意观察图形的特点，找到切入点开始作图，以便又快又准地绘制好侧立面图。前面介绍建筑正立面图已比较具体，下面仍然以上述建筑侧立面图为例，简单介绍侧立面的画法。

【例 5.5】 绘制建筑侧立面图。

【绘制步骤】

(1)绘制立面轮廓线。设置"轮廓线"层为当前图层，用矩形命令，绘制 11 640 mm×13 000 mm 的矩形。11 640 mm 为建筑外墙皮到外墙皮的尺寸，13 000 mm 为建筑室外地坪到四层檐口的距离。用偏移命令、修剪命令绘制各层的层高，并作细节的处理，如图 5.47 所示。

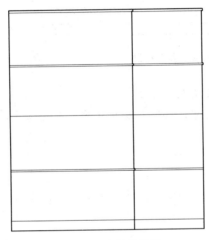

图 5.47　主要轮廓线

(2)绘制阳台立面。

1)设置"阳台"层为当前图层，执行"复制"命令，把正立面阳台的立面图复制到图纸空白处，从阳台墙体的外墙皮的左下角点向里取 1 500 mm 长的立面阳台，如图 5.48 所示。

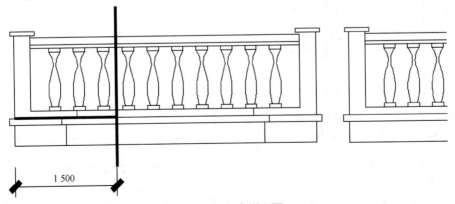

1 500

图 5.48　阳台侧立面

2)执行"复制"命令，把截取后的阳台立面按照图 5.49 所示的位置放置在立面图中。利用同样的方法完成顶层阳台的绘制，结果如图 5.50 所示。

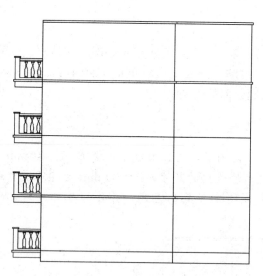

图 5.49 完成 1~4 层侧立面的阳台绘制　　　　**图 5.50 完成顶层阳台的绘制**

（3）绘制顶层花房、女儿墙及门斗。

1）根据图 5.51 所示的尺寸，按照花房在立面图中的位置，绘制花房的侧立面。结果如图 5.52 所示。

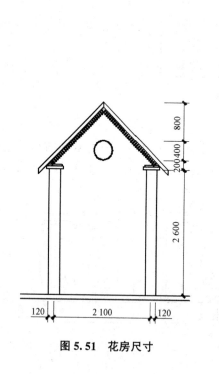

图 5.51 花房尺寸

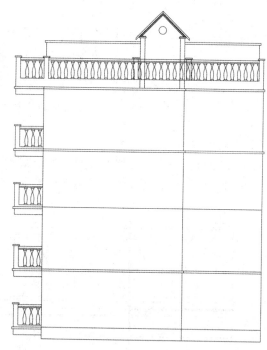

图 5.52 定位花房

2）执行"直线"命令绘制女儿墙，并执行"修剪"命令剪掉多余的线条，如图 5.53 所示。

3）根据图 5.54 所示的尺寸，按照门斗在立面图中的位置，绘制门斗的侧立面，结果如图 5.55 所示。

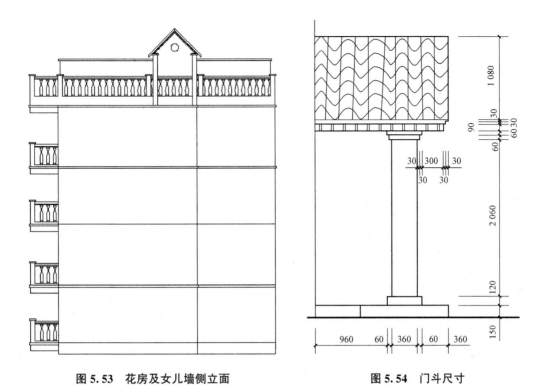

图 5.53　花房及女儿墙侧立面　　　　　　图 5.54　门斗尺寸

(4)标注文字、尺寸。执行"多重引线"和"文本标注"命令，完成建筑侧立面图的材质注释。尺寸标注和标高与建筑正立面图相同。完成侧立面图的标注后，结果如图 5.56 所示。

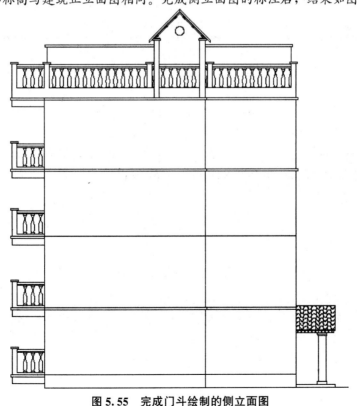

图 5.55　完成门斗绘制的侧立面图

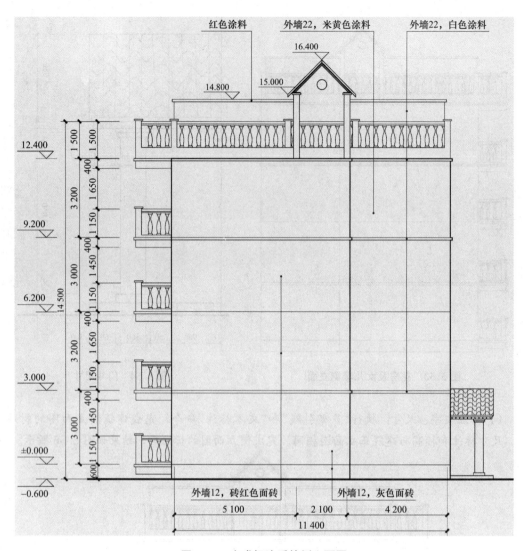

图 5.56 完成标注后的侧立面图

(5)插入图框。按照建筑正立面图图名的书写方法，绘制完图名与比例，检查图形的线宽和字体，把图形放置到 A3 的图框中，如图 5.57 所示。

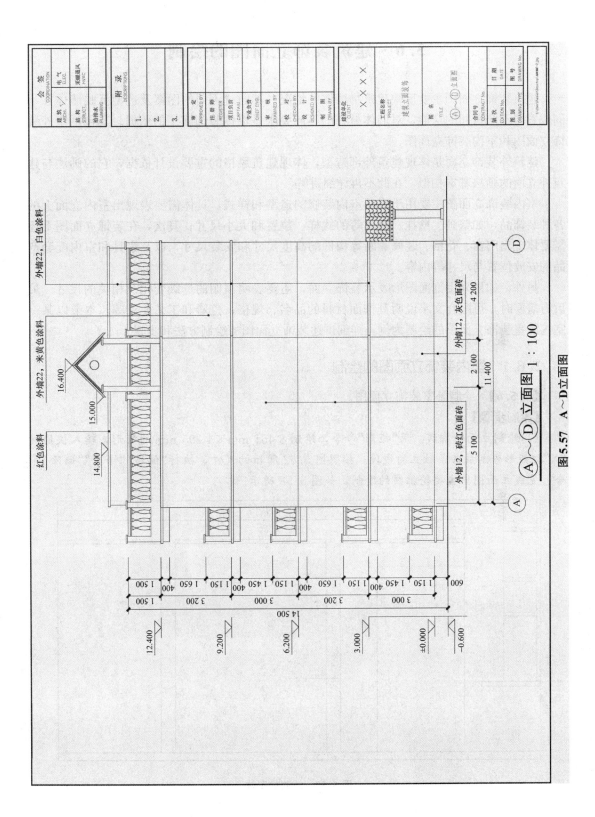

图5.57 A～D立面图

5.6 建筑装饰立面图的绘制

建筑装饰立面图主要反映建筑物墙体的情况。其通过不同的图案及造型反映墙体在不同位置与不同房间的功能，对墙体材料的不同要求是墙体装饰施工的依据。其包括室外装饰立面图和室内装饰立面图。

建筑外装饰立面是体现建筑外部造型，体现建筑风格的重要设计依据，它的画法与建筑外立面的画法基本相似，在此不再详细讲解。

室内装饰立面图主要用于表明室内装修的造型和样式，具体需要表现出室内立面上的各种装饰品，如壁画、壁挂、金属等的式样、位置和大小尺寸；其次，在装饰立面图上还需要体现出门窗、花格、装修隔断等构件的高度尺寸和安装尺寸，以及家具和室内配套产品的安放位置与尺寸等内容。

另外，如果采用剖面图形表示装饰立面，还要表明顶棚的选级变化及相关的尺寸。最后有需要时，可配合文字说明其饰面材料的品名、规格、色彩和工艺要求等。本节以某一室内卧室装饰立面图的绘制为例，详细讲述装饰立面图的绘制方法和步骤。

5.6.1 室内装饰立面图的绘制

【例 5.6】 绘制卧室装饰立面图。

【绘制步骤】

(1)绘制立面轮廓线。用"矩形"命令，绘制 8 451 mm×4 395 mm 的矩形，输入快捷键"X"把矩形分解成四条独立的线段。按照图 5.62 所示的尺寸，执行"偏移""修剪""删除"命令，完成立面图中主要轮廓线的绘制，如图 5.58 所示。

图 5.58 绘制轮廓线

(2)将相关图块插入立面图。使用 AutoCAD 绘制建筑平、立、剖面图或绘制装饰平、立、剖面图时，一些常用的建筑构件或者装饰家具已经按照1∶1的比例整理成块，需要使用时，可直接运用插入块的方式插入所需要的图块。同时，也可以执行"复制"命令将相应的图块粘贴到当前的立面图中。

设置"图块"层为当前层，打开装饰图块所在的图形文件，选择图块"椅子""床""化妆台""床头灯"及书柜里的"装饰品"图块，执行"复制"命令，粘贴到立面图中。执行"修剪""删除"命令，删除多余的线条，如图5.59所示。

图5.59　插入图块后的图形

（3）填充装饰图案。使用图案填充命令，选择填充的图案，设置参数，对立面墙体进行填充，如图5.60所示。

图5.60　填充装饰图案后的图形

（4）尺寸标注。设置"标注"层为当前层，在命令行输入"D"弹出"标注样式管理器"对话框，在建筑立面图 1：100 的标注样式基础上新建一个 1：40 的标注样式，对图形进行标注，如图 5.61 所示。

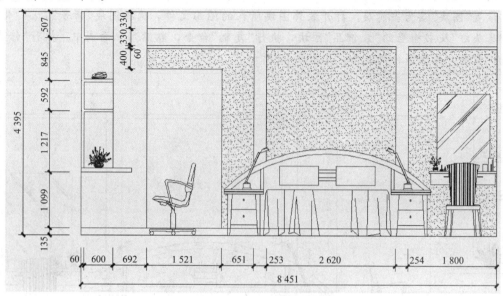

图 5.61　尺寸标注后的图形

（5）标注文字、插入图框。

1）设置"文字"层为当前层，用多重引线标注和多行文本完成立面装饰材质的说明。

2）打开所用图层和线宽显示，检查图形并作相应修改。插入 A3 图框，调整比例，如图 5.62 所示。

5.6.2　电视墙局部立面图的绘制

【例 5.7】　绘制电视墙局部立面图。

【绘制步骤】

（1）绘制立面轮廓线。用矩形命令，绘制 3 260 mm×2 580 mm 的矩形，输入快捷键"X"把矩形分解成四条独立的线段。按照图 5.67 所示的尺寸，执行"偏移""修剪""删除"命令，完成立面图中主要轮廓线的绘制，结果如图 5.63 所示。

（2）绘制上部灯具及简单装饰线条。执行"直线""偏移""修剪""点"命令绘制射灯与装饰面，结果如图 5.64 所示。

（3）插入图块并填充图案。执行"复制"命令将相应图块粘贴到当前的立面图中的相应位置，或者以插入图块的方式把所需图块放置在电视墙的立面图中，如图 5.65 所示。

执行"图案填充"命令，选择填完图案，设置参数，对立面墙体进行填充，如图 5.66 所示。

（4）标注并装框。按照打印比例，设置尺寸标注和文字标注的参数，对立面图进行尺寸标注和文本的标注。按照打印比例，绘制完图名与比例，检查图形的线宽和字体，把图形放置到 A3 的图框中，如图 5.67 所示。

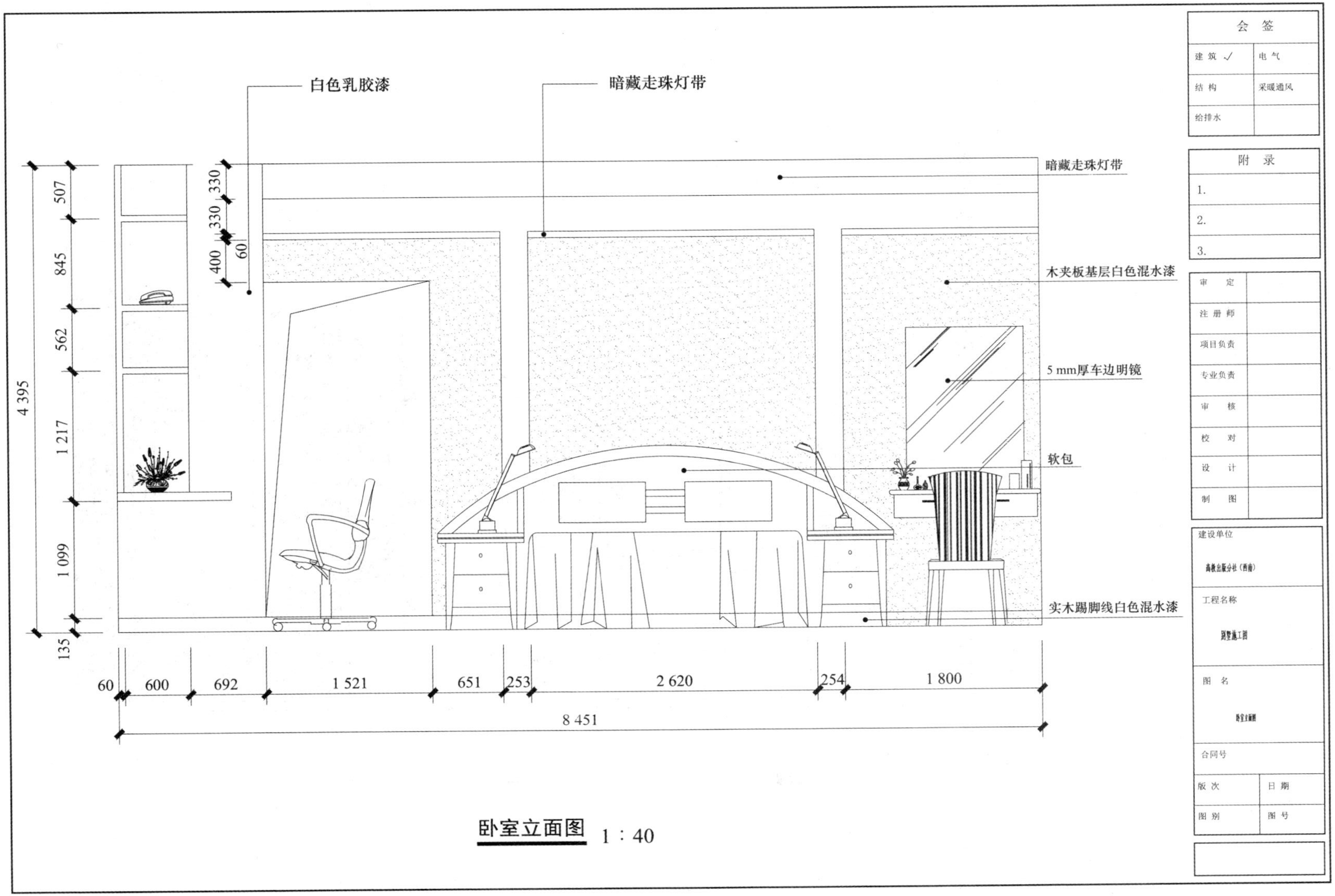
白色乳胶漆
暗藏走珠灯带
暗藏走珠灯带
木夹板基层白色混水漆
5 mm厚车边明镜
软包
实木踢脚线白色混水漆
507
845
562
1 217
1 099
135
4 395
330
330
60
400
60
600
692
1 521
651
253
2 620
254
1 800
8 451
卧室立面图 1：40
会 签
建 筑 ✓
电 气
结 构
采暖通风
给排水
附 录
1.
2.
3.
审 定
注 册 师
项目负责
专业负责
审 核
校 对
设 计
制 图
建设单位
工程名称
图 名
合同号
版 次
日 期
图 别
图 号

图 5.62 卧室立面图

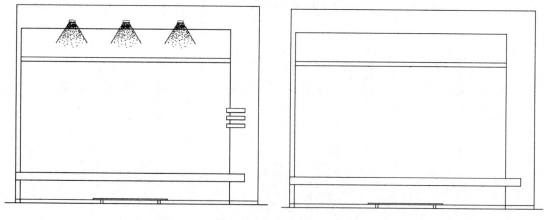

图 5.63　绘制轮廓线　　　　　　　　　　　　　　图 5.64　绘制灯具及装饰面

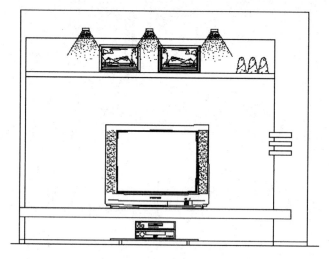

图 5.65　图块插入后的图形

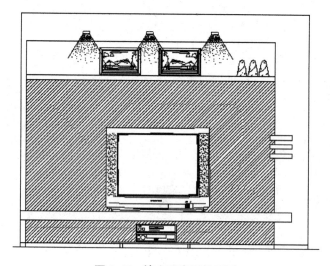

图 5.66　填充图案后的图形

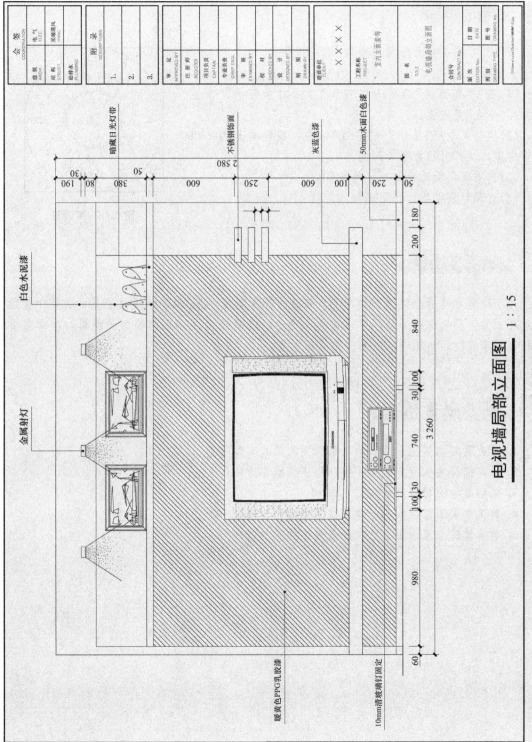

电视墙局部立面图

电视墙局部立面图 1:15

图 5.67 电视墙局部立面图

使用对象捕捉功能绘制图形如图5.68所示。

实训要求：

(1)在"对象捕捉"选项卡中勾选"启用对象捕捉""节点""圆心""中点"复选框。

(2)执行菜单栏"绘图"→"直线"命令，绘制边长为1 000的正方形，执行"圆"命令绘制圆。

(3)选择要定数等分的对象及数目。

(4)打开对象捕捉，指定连接。

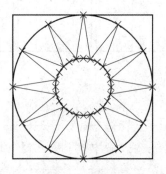

图5.68　实训图

本章小结

为了跨界准确地绘制图形和方便、高效的管理图形，AutoCAD提供了多种必要和辅助的绘图工具。利用这些工具，可以方便、迅速、准确地实现图形的绘制和编辑。本章主要介绍了对象捕捉、绘图辅助工具、图形显示等。

思考与练习

1. 什么是对象捕捉？常用的对象捕捉的模式有哪些？

2. 对象捕捉的执行方式有哪些？简述其操作方法。

3. 栅格显示的功能是什么？

4. 建筑立面图包括哪些？建筑立面图的绘制要求有哪些？

5. 建筑装饰立面图主要反映建筑墙体的哪些情况？

第6章 装饰剖面施工图绘制

1. 掌握图案填充、单色及渐变色填充的执行命令；了解图案填充的编制。
2. 了解形的概念和定义；熟悉形的编译与嵌入；掌握形的调用。
3. 了解内部图块、外部图块、图块的定义；掌握内部图块的执行命令及绘制。
4. 了解建筑剖面图、建筑装饰剖面图的绘制。

1. 能进行选择图案及图案的填充、渐变色的填充。
2. 能进行形的调用、特殊字形的调用。
3. 能进行内部图块、外部图块、图块的绘制。
4. 能进行简单建筑剖面图、建筑装饰剖面图的绘制。

1. 有效地计划并实施各种活动；了解并遵守各种行为规范和操作规范。
2. 听取他人的意见，积极讨论各种观点想法，共同努力，达成一致意见。
3. 具有良好的团队合作、沟通交流的能力，具有良好吃苦耐劳的精神。

图案、形与图块在绘图和图形编辑中有着非常重要的作用。图案用于封闭图形内的图形处理；形主要用来绘制特殊符号；图块用于各图形之间的合并、拼装、拆分等操作。

6.1 图案

6.1.1 图案填充

图案填充是指在一个封闭的图形(或区域)中填充其他的图形。AutoCAD 2020 系统准备了很多可填充的图案，图案文件存在 ACAD. APT 中。

图案填充时，应先画一个封闭的图形或者一个封闭的区域。

(1)执行方式：

1)工具栏：单击"绘图"工具栏"图案填充"按钮▨。

2)菜单栏：执行菜单栏"绘图"→"图案填充"命令。

3)命令行：输入"HATCH"(H)。

(2)功能：对封闭图形进行图案填充，执行上述操作后系统打开图 6.1 所示的"图案填充创建"上下文选项卡。

图 6.1 "图案填充创建"上下文选项卡

1."边界"面板

(1)"拾取点"：通过选择由一个或多个对象形成的封闭区域内的点，确定图案填充边界。指定内部点时，可以随时在绘图区中单击鼠标右键以显示包含多个选项的快捷菜单。

(2)"选择边界对象"：指定基于选定对象的图案填充边界。使用该选项时，不会自动检测内部对象，必须选择选定边界内的对象，以按照当前孤岛检测样式填充这些对象。

(3)"重新创建边界"：围绕选定的图案填充或填充对象创建多段线或面域，以使其与图案填充对象相关联(可选)。

(4)"显示边界对象"：选择构成选定关联图案填充对象的边界的对象，使用显示的夹点可修改图案填充边界。

(5)"保留边界对象"：指定如何处理图案填充边界对象。

2."图案"面板

显示所有预定义和自定义图案的预览图像。

3."特性"面板

(1)"图案填充类型"：指定是使用纯色、渐变色、图案还是用户定义的填充。

(2)"图案填充颜色"：替代实体填充和填充图案的当前颜色。

(3)"背景色"：指定填充图案背景的颜色。

(4)"图案填充透明度"：设定新图案填充或填充的透明度，替代当前对象的透明度。

(5)"图案填充角度"：指定图案填充或填充的角度。

(6)"填充图案比例"：放大或缩小预定义或自定义填充图案。

4."原点"面板

"设定原点"：直接指定新的图案填充原点。

5."选项"面板

(1)"关联"：指定图案填充或填充为关联图案填充。关联的图案填充或填充在用户修改其边界对象时会更新。

(2)"注释性比例"：指定图案填充为注释性。此特性会自动完成缩放注释过程，从而使注释能够以正确的大小在图纸上打印或显示。

(3)"特性匹配"。

1)"使用当前原点"：使用选定图案填充对象(除图案填充原点外)设定图案填充的特性。

2)"使用原图案填充的原点"：使用选定图案填充对象(包括图案填充原点)设定图案填充的特性。

(4)"允许的间隙"：设定将对象用作图案填充边界时可以忽略的最大间隙。默认值为 0，此值指定对象必须为封闭区域而且没有间隙。

(5)"创建独立的图案填充":控制当指定了几个单独的闭合边界时,是创建单个图案填充对象,还是创建多个图案填充对象。

(6)"孤岛检测"。

1)"普通孤岛检测":从外部边界向内填充。如果遇到内部孤岛,填充将关闭,直接遇到孤岛中的另一个孤岛。

2)"外部孤岛检测":从外部边界向内填充。此选项仅填充指定的区域,不会影响内部孤岛。

3)"忽略孤岛检测":忽略所有内部的对象,填充图案时将通过这些对象。

单击"选项"面板右下角■按钮,系统弹出如图 6.2 所示的"图案填充和渐变色"对话框。

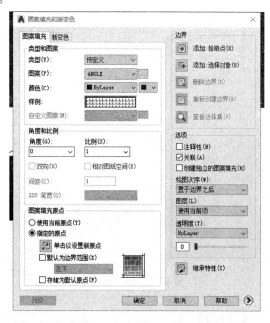

图 6.2 "图案填充和渐变色"对话框

6.1.2 编制填充的图案

图案的选择有以下两种方式:

(1)在"图案填充和渐变色"对话框中的图案下拉列表中选择图案名称,图案式样在"样例"内显示(图 6.3);也可以单击旁边的"浏览"按钮 ⋯ ,将弹出"填充图案选项板"对话框,可从中选择图案。

(2)图案选定以后,单击"确定"按钮,即确定该图案用于填充,并返回"图案填充和渐变色"对话框。"填充图案选项板"对话框中有 4 个选项,分别是 ANSI、ISO、其他预定义和自定义,如图 6.4～图 6.6 所示。在每种选择下,都用上述方法进行选择与确定。

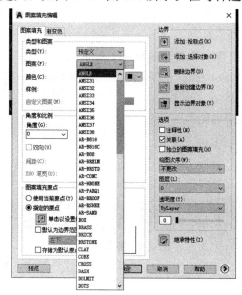

图 6.3 "图案选择"对话框

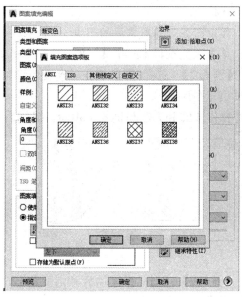

图 6.4 "ANSI"选项卡

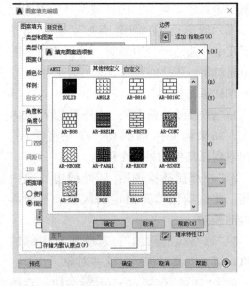

图 6.5 "ISO"选项卡　　　　　　　　　图 6.6 "其他预定义"选项卡

【例 6.1】 选择"图案填充和渐变色"对话框"ANSI"中的 ANSI34 图案和 ANSI38 图案填充图形。

【绘制步骤】

命令：BHATCH

拾取内部点或[选择对象(S)/设置(T)]：

选择内部点：正在选择所有对象…

正在选择所有可见对象…

正在分析所选数据…

正在分析内部孤岛…

拾取内部点或[选择对象(S)/设置(T)]

选择 T：

弹出图案选择所需要的图案：

单击预览或按 Enter 键、Esc 键、空格键，操作后的图形如图 6.7 所示。

【例 6.2】 选择"图案填充和渐变色"对话框"ISO"中的 ISO07W100 图案和 ISO03 W100 图案填充图形。

操作步骤和方法与例 6.1 相同，操作后的图形如图 6.8 所示。

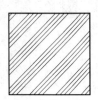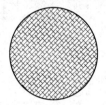　　　　　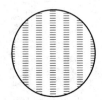

图 6.7 图案填充例 1　　　　　　　　　图 6.8 图案填充例 2

【例 6.3】 选择"图案填充和渐变色"对话框"预定义"中的 CORK 图案和 HOUND 图案填充图形。

操作步骤和方法与例 6.1 相同，操作后的图形如图 6.9 所示。

【例 6.4】 对两个封闭图形区域选择图案"孤岛"方式填充图形。操作步骤和方法与例 6.1 相同，操作后的图形如图 6.10 所示。

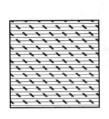 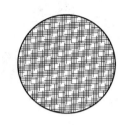 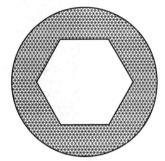

图 6.9　图案填充例 3　　　　　　　图 6.10　图案填充例 4

【例 6.5】 对两个封闭图形区域选择图案"外部"方式填充图形。操作步骤和方法与例 6.1 相同，操作后的图形如图 6.11 所示。

【例 6.6】 对两个封闭图形区域选择图案"忽略"方式填充图形。操作步骤和方法与例 6.1 相同，操作后的图形如图 6.12 所示。

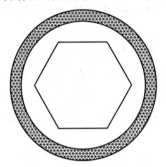 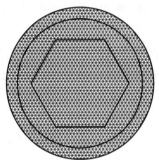

图 6.11　图案填充例 5　　　　　　　图 6.12　图案填充例 6

6.1.3　单色与渐变色填充及应用

对于用单色填充，除在"预定义"对话框中选择"单色"外，也可以在"图案填充和渐变色"对话框中运用"渐变色"选项卡来填充图案，如图 6.13 所示。

在进行图案填充时，为了增强立体感，可以选取"渐变色"填充方式。此方式中有"单色"和"双色"2 种。单色是用 1 种颜色进行色调的层次变化；双色是用 2 种颜色进行色调的层次变化。有 9 种方式可供选择。

对于颜色的选取，无论是"单色"还是"双色"，都可以用"颜色"对话框和"真彩色"对话框来进行颜色的选取。

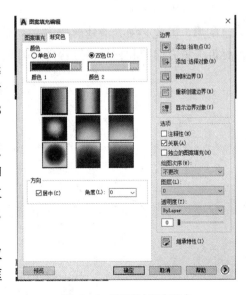

图 6.13　"渐变色"选项卡

【例 6.7】 使用渐变色方式填充图形。操作步骤和方法与例 6.1 相同，操作后的图形如图 6.14 所示。

图 6.14　图案填充例 7

6.2　形操作

在绘图过程中，需要在图形中标注文字、符号，而这些文字、符号都是由软件自动产生的，这种软件自动产生的文字、符号称为形。形是一组编码，告诉计算机怎样来"画"这些文字和符号。这些编码是一系列数据的组合。由于这些数据保存在文件中，因此也称为形文件。

形文件分为形源文件 .SHP 和形文件 .SHX。SHP 是形数据的原始代码，具有可编辑性，但不能应用于图形；形文件 .SHX 是由形源文件 .SHP 经过编辑之后产生的，可以直接应用于图形。AutoCAD 2020 系统准备了很多形文件 .SHX，存放在子目录 FONTS 中，通常称为字库。其中，有一个特别的形文件 TXT.SHX 称为文本形文件，里面存放了键盘上所有的符号，由系统启动时自动装入。

6.2.1　形的概念和定义

由于各专用图纸中的特殊符号不同，有时需要建立自己的字体文件，即在字库中加入自己的形，因此必须弄清楚形的定义。形按一定的方向绘制线段，这种线段称为矢量。形的标准矢量方向图和矢量编号含义如图 6.15 所示。

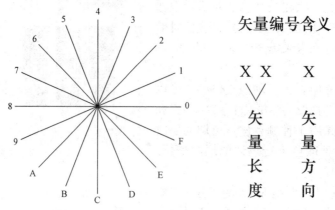

图 6.15　矢量方向图及矢量编号含义

如012，表示在2的方向上画1个单位长度的矢量，04C表示在C方向画4个单位的矢量。

每个编码为一个字节的十六进制数。为了更进一步地定义形，系统还定义了一些特殊编码（表6.1）。

表6.1　编码定义

编码	定义
000	形定义结束
001	启动绘图方式（落笔）
002	退出绘图方式（抬笔）
003	用下一个字节除以矢量长度
004	用下一个字节乘以矢量长度
005	将当前位置压入堆栈
006	绘制由下一个字节给出的子形量
007	给出多个X-Y位移量，以(0,0)结束
00A	由下2个字节定义八分原弧
00B	由下5个字节定义任意部分弧

有了矢量方向图和特殊码，就可以定义形。因此，形定义格式如下：

＊形编号，字节数，形名　　　　　　　　　　　　　　　　　（按Enter键）

形的字节描述……　　　　　　　　　　　　　　　　　　　　（按Enter键）

其中：

(1)"＊"号：表示形定义的标志符号。

(2)形编号：表示形的编号（这个编号除在编辑过程中起顺序作用外，还可以作为子形的编号被其他的形所调用）。

(3)字节数：代表形定义中的字节数，也就是形编码的总的编码个数，应为整数。

(4)形名：该形取的名字，可以用一个字符串来表示，如UU、TU等。

(5)形的字节描述：一个形在绘制过程中的编码描述，描述完成后最后用0结束。

【例6.8】　利用形定义描述"北"字。

【绘制步骤】

＊250, 17, BEI

024, 049, 041, 044, 038, 030, 044, 2, 020, 1, 05C, 031, 039, 05C, 040, 024, 0（图6.16）

【例6.9】　利用形定义数字"0"。

【绘制步骤】

＊48, 14, ZERO

2, 010, 1, 016, 044, 012, 010, 01E, 04C, 01A, 018, 2, 040, 0

形定义的数据编码存入一个文件＊.SHP，即形源文件。

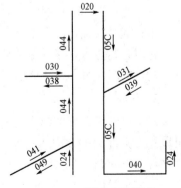

图6.16　"北"字形描述

【例 6.10】 建立一个画正方形和三角形符号的形源文件，文件名为 AA. SHP。

在任意一编辑程序(如记事本)下建立 AA. SHP 文件，内容如下：

* 12, 5, TT

034, 030, 03C, 038, 0

* 13, 8, UU

024, 01C, 010, 018, 01C, 010, 028, 0

此文件中，"TT"是正方形符号；"UU"是"上"字形符号(图 6.17)。

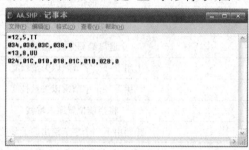

图 6.17 正方形、"上"字形编辑对话框

6.2.2 形的编译与嵌入

1. 形编辑

形源文件保存后，必须用"COMPILE"命令来进行编译。执行"COMPILE"命令时，将弹出一个文件对话框，显示全部形源文件 .SHP，选定需要的文件名，按 Enter 键，即可进行形的编辑。如果没有编辑错误，将产生一个编译以后的形文件 .SHX，并自动存盘。

"COMPILE"命令的操作格式：

命令：COMPILE

编译形/字体说明文件 (选取文件对话框内的文件名，按 Enter 键)

编译信息

例如：

命令：COMPILE

编译形/字体说明文件 (选取文件对话框内的文件名 AA，按 Enter 键)

编译成功。输出文件 F：\ jfcad \ AA. SHX 包含 60 个字节。

这时，盘上保存了一个文件 AA. SHX，有 60 个字节。这就是把形源文件 AA. SHP 编译成功后的形文件 AA. SHX。

2. 形嵌入

对于已经编辑好的形文件 * . SHX，为了以后用"STYLE"命令设置字样和字体时方便，可以把形文件 .SHX 嵌入字库。嵌入方法就是把形文件 .SHX 复制到 AutoCAD 2020 的字库文件夹 FONTS 内。

非文字类的形文件 .SHX 不能嵌入字库，可在应用时安装。

3. 形装入

对于 TXT. SHX 文本形文件，系统启动时自动安装。对于一般的符号形文件 * . SHX，使用 LOSD 命令进行安装，执行时回答形文件名即可。对于一般的文字形文件（包括各种汉字），使用"SYTLE"命令将弹出一个"字形"对话框，单击"NEW"按钮，输入文件名，即可完成形的安装。

6.2.3 形的调用

形的调用是指在绘图过程中使用形。对于文本形文件 TXT.SHX 中的形的调用，可以直接使用前面讲过的"TEXT"命令。对于汉字形文件的调用，也可以执行"TEXT"命令，采用汉字输入方式输入汉字。对于一般用户符号形文件，可以执行"SHAPE"命令进行形调用。例如：

命令：LOAD　　　　　　　　（在弹出的文件对话框中点取要装入的形文件名 AA.SHX）

命令：SHAPE

形名：TT

起点：　　　　　　　　　　　　　　　　　　（鼠标拖动或者输入坐标）

高度：<1.0000> 2

旋转角：<0.0000>

即可以在指定位置绘制形。

6.2.4 特殊字形的调用

对于 TXT.SHX 中的特殊字符，或者用户在 TXT.SHX 中增加的特殊字符，可以以特殊方式进行形调用。其调用格式为％％形编号。如％％130 为符号 φ；％％131 为符号 Φ。

AutoCAD 2020 系统开发商提供的 TXT.SHX 形文件中除上述特殊字符外，没有其他的特殊字符。字符编号为 1～129。编号 130～159 是空缺，编号 160 为汉字开始，用于其他的汉字形文件。由于在建筑结构施工图上有一些特殊符号，如钢筋符号等在原有的TXT.SHX 中就没有，为了绘图方便，可对原 TXT.SHX 进行修改，增加一些特殊符号。修改后的 TXT.SHX 文件特殊符号见表 6.2。

表 6.2　特殊符号

形编号	特殊符号	形编号	特殊符号
130	φ	138	下标开始
131	Φ	139	下标结束
132	△	140	δ
133	上下标开始	141	I
134	上下标分隔	142	II
135	上下标结束	143	III
136	上标开始	144	IV
137	上标结束	145	V
146	VI	149	IX
147	VII	150	X
148	VIII	—	—

提示：新的 TXT.SHX 文件添加了上标、下标、上下标功能，给文字标注带来了极大的方便。例如：B％％133n％％1345％％135，其结果为 B_5^n；B％％138(i，j)％％139，其结果为 $B_{(i,j)}$。在使用时，把新的 TXT.SHX 文件复制到 AutoCAD 2020 中的 FONTS 子目录中，覆盖原来的 TXT.SHX 文件就可以使用了（新的 TXT.SHX 文件由本书作者提供）。

【例 6.11】 利用新的 TXT.SHX 文件进行特殊字符和上标、下标、上下标的标注。

【绘制步骤】

命令：TEXT

当前文字样式：Standard　当前文字高度：5.0000

指定文字的起点或[对正(J)/样式(S)]：　　　　　　　　　　　　　　　　（鼠标选取）

指定高度<5.0000>：

指定文字的旋转角度<0>：

输入文字：4％％13125

输入文字：％％1308@100

输入文字：B％％133n％％1345％％135

输入文字：B％％133 上标 n％％134 下标 5％％135

输入文字：B％％136- m％％137

输入文字：B％％136 上标- m％％137

输入文字：B％％138(i，j)％％139

输入文字：B％％138 下标(i，j)％％139

输入文字：上下标标注％％133 上标％％134 下标％％135

输入文字：％％132t=％％132x+％％132y

输入文字：

绘制的图形经过平移后如图 6.18 所示。

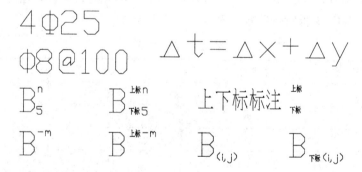

图 6.18　特殊标注

为了能更好地理解形文件的概念和定义，下面把修改后的 TXT.SHP 中的特殊字符与上标、下标标注的形源文件代码列出，供参考与学习。修改后的 TXT.SHP 中的 130～150 编号的源代码如下：

```
* 129, 17, Kpls- 1
2, 012, 1, 016, 024, 012, 020, 01e, 02c, 01a, 028, 01b, 063, 2, 06c,
010, 0
```

* 130, 21, Kdiam

2, 012, 1, 016, 024, 012, 020, 01e, 02c, 01a, 028, 2, 010, 01c, 1, 064,
2, 010, 03d, 03c, 0

* 131, 24, rl

2, 012, 1, 016, 024, 012, 020, 01e, 02c, 01a, 028, 2, 010, 01c, 1, 064,
2, 06c, 018, 1, 020, 2, 020, 0

* 132, 6, dboxl

050, 045, 04b, 2, 060, 0

* 133, 7, r2

2, 5, 054, 018, 3, 3, 0

* 134, 5, r3

2, 6, 048, 02c, 0

* 135, 6, r4

2, 048, 024, 4, 3, 0

* 136, 6, r5

2, 054, 018, 05c, 0

* 137, 6, r6

2, 4, 3, 018, 05c, 0

* 138, 6, r7

2, 01c, 018, 3, 3, 0

* 139, 6, r8

2, 4, 3, 018, 014, 0

* 140, 20, r9

2, 20, 1, 018, 016, 014, 012, 010, 01e, 01c, 01a, 2, 012, 014, 1, 044,
021, 2, 04c,

* 141, 15, qbl

2, 8, (1, 21), 1, 040, 028, 8, (0, - 21), 020, 048, 2, 0c0, 0

* 142, 7, pb2

7, 141, 2, 68, 7, 141, 0

* 143, 11, qbq

7, 141, 2, 068, 7, 141, 2, 068, 7, 141, 0

* 144, 7, qbal

7, 141, 2, 068, 7, 145, 0

* 145, 23, qba5

2, 8, (1, 21), 1, 020, 018, 8, (3, - 21), 018, 020, 018, 8, (3, 21),
018, 020, 2, 8, (10, - 21), 0

* 146, 9, qba6

7, 145, 2, 8, (- 7, 0), 7, 141, 0

* 147, 7, qba7

7, 146, 2, 068, 7, 141, 0

```
* 148, 7, qba8
7, 147, 2, 068, 7, 141, 0
* 149, 7, qba9
7, 141, 2, 068, 7, 150, 0
* 150, 23, qb10
2, 010, 1, 020, 018, 8, (6, 21), 010, 028, 2, 048, 1, 028, 010, 8, (6,
- 21), 018, 020, 2, 0a0, 0
```

提示：如果把以上代码加在形源文件 TXT. SHP 的后面存盘，进入 AutoCAD 2020 系统后重新编译得到新的 TXT. SHX 形文件，就可以在图上标注前文介绍的特殊字符和上标、下标了。

6.3   图块操作

图块是将一组图形集合起来做成一个整体，并赋予名称保存起来，以便在图纸中插入。图块在插入时可以进行放大、缩小、旋转等操作，是进行图块拼装的一个重要操作。

6.3.1   内部图块定义

(1)执行方式：

1)工具栏：单击"绘图"工具栏中的"创建块"按钮 创建(M)... 。

2)菜单栏：执行菜单栏"绘图"→"块"→"创建"命令。

3)命令行：输入"BLOCK/BMAKE"(B)。

(2)功能：创建一个内部块，可以将分解的图案合并为一个块。

内部图块定义是图块定义后保存在临时缓冲区内，只能在当时图形中使用。当该命令前面加"一"时为命令行方式，原命令为启动对话框方式。

(3)操作方法：

命令：BLOCK

系统将弹出一个"块定义"对话框，利用对话框可以定义图块，如图 6.19 所示。

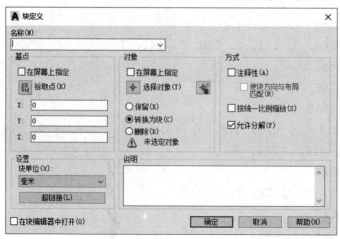

图 6.19   "块定义"对话框

(4)参数设置：

1)"名称"：输入或者单击下拉箭头 定义的图块名称。

2)"基点"：选取图形上不会移动的基准点。

3)"对象"：选取作为图块的对象。

①"选择对象"：可直接选取对象；

②"保留"：定义图块以后，把原对象保留；

③"转换成块"：选取对象转换成块；

④"删除"：定义图块以后，把原选取对象删除。

4)"块单位"：单击下拉箭头选择所需单位。

5)"说明"：输入必要说明。

【例 6.12】 把如图 6.20 所示的图案定义成图块。

图 6.20 梅花图案

【绘制步骤】

命令：BLOCK

指定插入基点： (鼠标单击"拾取点"按钮进行拾取)

指定要选择对象： (鼠标单击"选择对象"按钮选择对象)

本例操作时弹出如图 6.21 所示的对话框。其中图块取块名称为"1"，并在右边能看到图块的整体预览。

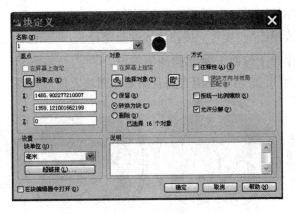

图 6.21 内部图块定义操作

6.3.2 外部图块定义

(1)执行方式:

命令行:输入"WBLOCK"(WBL)。

(2)功能:作为文件方式存盘,可插入到任意图形中。

(3)操作方法:

命令: WBLOCK

执行命令后系统将弹出一个"写块"对话框,如图 6.22 所示。

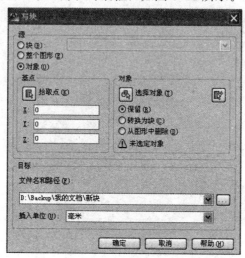

图 6.22 "写块"对话框

(4)参数设置:

1)"源":整个图形存盘或选择局部对象存盘。

2)"对象":选取作为图块的对象。

①"选择对象":可直接选取对象;

②"保留":定义图块以后,保留原对象;

③"转换成块":选取对象转换成块;

④"删除":定义图块以后,把原选取对象删除。

3)"目标":输入或单击"浏览"□按钮选择存盘路径。

4)"插入单位":单击下拉箭头▼选择所需单位。

【例 6.13】 把如图 6.23 所示的组合梅花图案以图块文件形式写入磁盘。

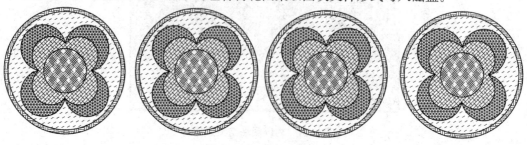

图 6.23 组合梅花图案

【操作步骤】

命令：WBLOCK

指定插入基点：   (鼠标单击"拾取点"🔲按钮选择基点)

选择对象：   (鼠标单击"选择对象"🔲按钮框选对象)

存盘：

(选择文件名并单击"浏览"🔲按钮选择路径，将图块保存在适当位置，文件名为"新块")

6.3.3 图块的插入

(1)执行方式：

1)工具栏：单击"绘图"工具栏中的"创建块"按钮🔲。

2)菜单栏：执行菜单栏"插入"→"块选项板"🔲命令。

3)命令行：输入"INSERT"。

(2)功能：将外部块或内部块插入到当前图形中，AutoCAD 2020 打开"块"选项板，如图 6.24 所示。

图 6.24 "块"选项板

(3)参数设置：

1)"名称"：指定插入图块的名称，所有图形文件 *.DWG 都可以作为外部图块。

2)"插入点"：指定插入点，插入图块时该点与图块的基点重合。可以在屏幕上制定该点，也可以通过下面的文本框输入该点坐标值。

3)"比例"：确定插入图块时的缩放比例。图块被插入当前图形中时，可以以任意比例放大或缩小。

4)"旋转"：指定插入图块时的旋转角度。图块被插入当前图形中时，可以绕其基点旋转一定的角度，角度可以是正数(表示沿逆时针方向旋转)，也可以是负数(表示沿顺时针方向旋转)。

5)"分解"：选中此复选框，则在插入块的同时把其分解，插入图形中组成块的对象不再是一个整体，可对每个对象单独进行编辑操作。

【例 6.14】 在已经画好的图 6.25 中插入已有家具图块。

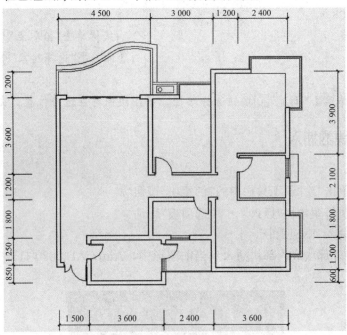

图 6.25 原始平面图

【操作步骤】

命令：INSERT

在弹出的"插入"对话框中，单击"浏览"按钮，选取文件，如图 6.26 所示。

在"插入"对话框中单击"确定"按钮，插入图块。如图 6.27 所示。

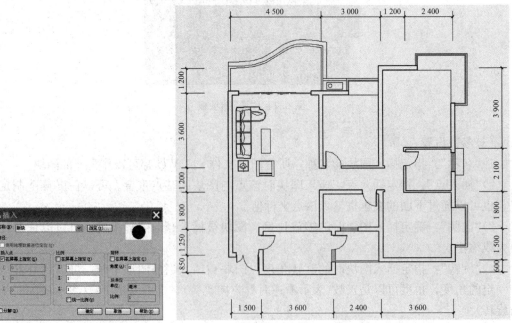

图 6.26 "插入"对话框   图 6.27 插入部分家具图块

指定插入点或[比例（S）/X/Y/Z/旋转（R）/预览比例（PS）/PX/PY/PZ/预览旋转（PR）]：

图块"新块2""新块3""新块4"的插入操作和上面一样，最后完成插入图块的图形如图6.28所示。

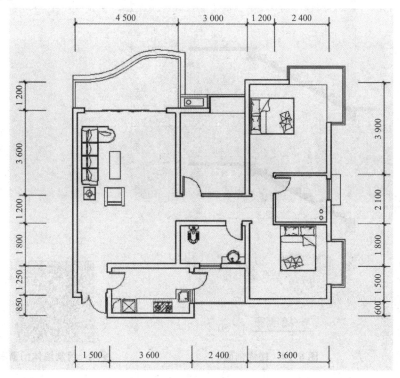

图6.28　插入图块后的图形

6.4　建筑剖面图的绘制

建筑剖面图是假设用一个或多个垂直于外墙轴线的铅垂剖切面，将房屋剖开所得的投影图。本节主要讲解建筑楼梯、细部剖面图的绘制。

6.4.1　建筑楼梯剖面图的绘制

在AutoCAD 2020中绘制剖面图时，一般先绘制辅助线、辅助点等，再画剖面主体，然后绘制可见物，标注相关尺寸、楼层标高等。

【例6.15】　绘制某建筑的楼梯剖面图，如图6.29所示。

【绘制思路】

本例中，涉及楼梯踏步的高与层高的关系，在利用相关知识绘制好辅助线后，需要利用定数等分平分层高后绘制出踏步。

【绘制步骤】

（1）绘制轴网（图6.30，具体步骤略）。

微课：绘制轴网标注等

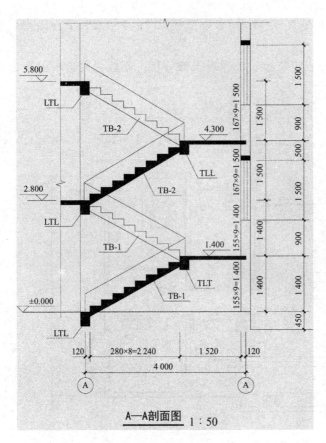

图 6.29 楼梯剖面

视频：绘制墙体门窗等

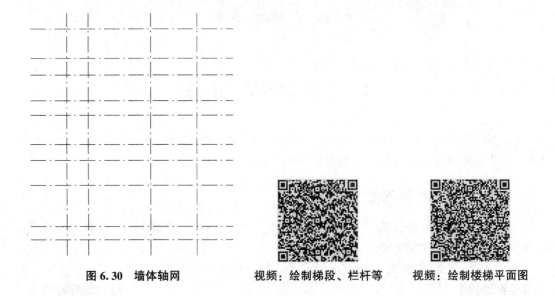

图 6.30 墙体轴网　　　　视频：绘制梯段、栏杆等　　　　视频：绘制楼梯平面图

（2）绘制梯段。

1）设置"点样式"（图 6.31）。执行"DIVIDE"（DIV）命令定数等分层高（共九层），捕捉点绘制踏步（图 6.32）。

图 6.31 设置"点样式"

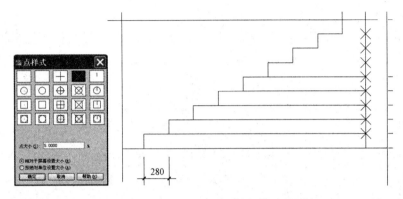

图 6.32 定数等分绘踏步

2)用相同的方法绘制其他楼梯(图 6.33),尺寸相同的梯段,可以复制。

3)绘制所有细节并填充(图 6.34)。

(3)标注并装图框(图 6.35)。

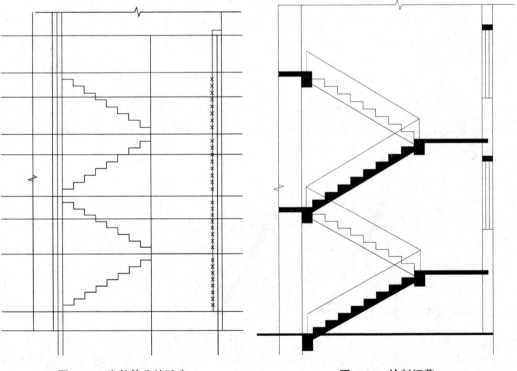

图 6.33 定数等分绘踏步   **图 6.34 绘制细节**

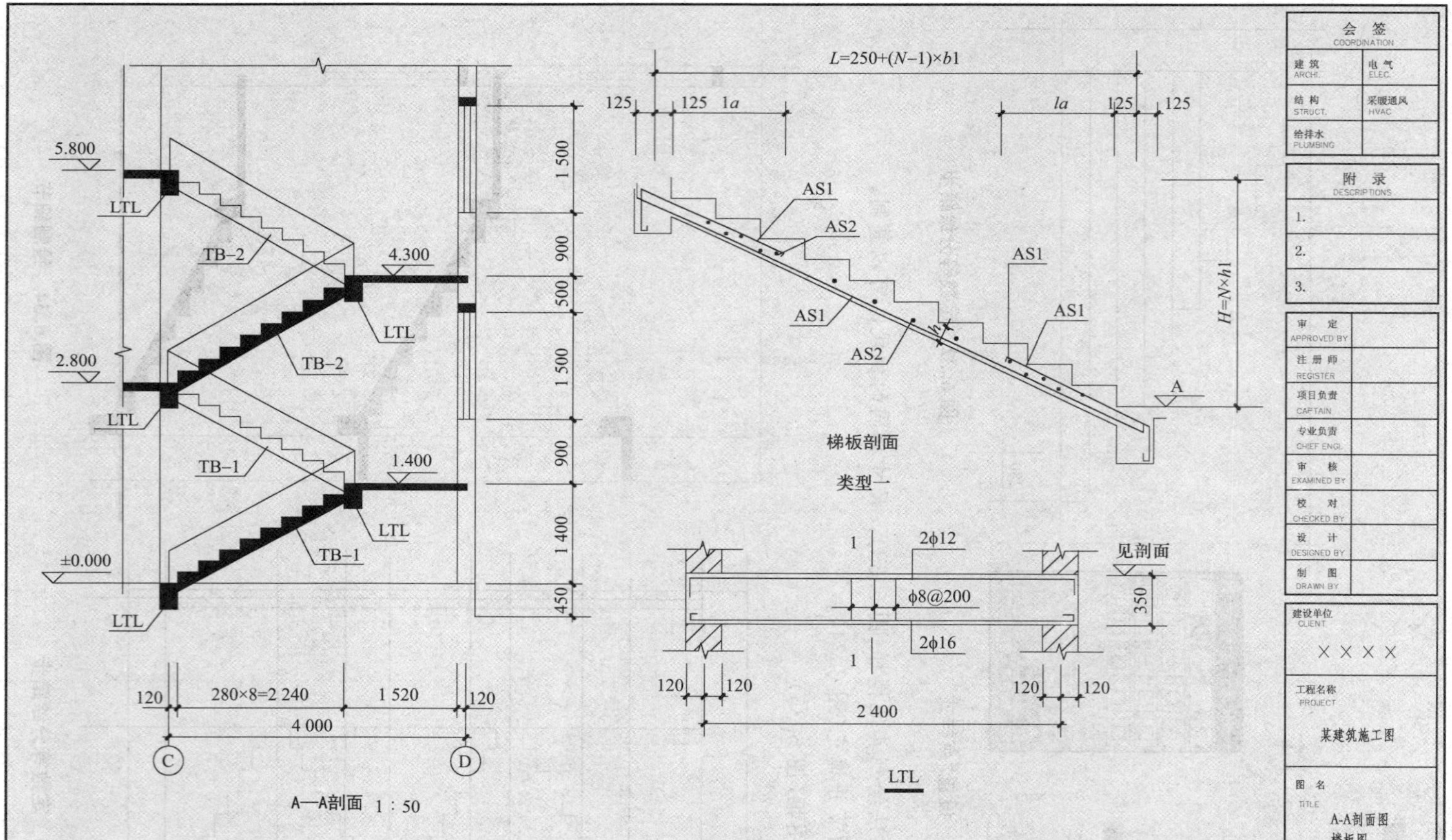

图 6.35　A—A剖面图

梯板剖面
类型一

见剖面

L=250+(N-1)×b1

l4×N=H

AS1　AS2　LTL

2φ12
φ8@200
2φ16

350

LTL

A—A剖面　1:50

梯板汇总表

编号	梯板类型	跨度L	高度H	阶数N	踏步宽b1	踏步高h1	AS1	AS2	板厚h	la	板宽B
TB-1	类型一	2 500	1 400	9	280	155	φ12@160	φ6@250	100	650	1 050
TB-2	类型一	2 500	1 500	9	280	167	φ12@160	φ6@250	100	650	1 050

LTL　TB-2　TB-1

5.800　4.300　2.800　1.400　±0.000

280×8=2 240

6.4.2 建筑细部剖面图的绘制

建筑细部剖面图主要表现建筑内部的建筑构造和构件，主要是建筑内部一些在建筑立面上没有表达清楚的地方，如某些房间的错层和楼梯的构造。对于某些在建筑立面上没有表达清楚的层高和尺寸及标高，都可以在剖面图上表达出来。

剖面图是结合建筑平面图及建筑立面图进行绘制的。

【例 6.16】 用分解的方法绘制小别墅剖面图（图 6.36）。

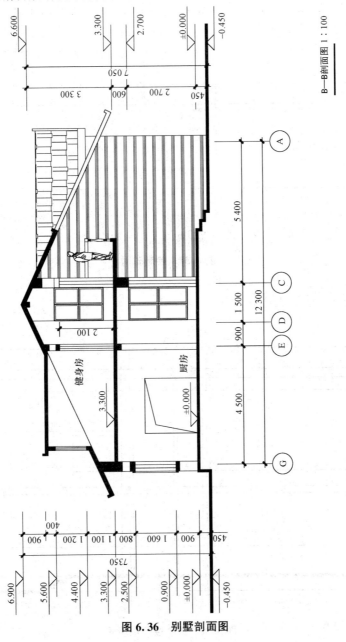

图 6.36 别墅剖面图

【绘制思路】

本例中，涉及房间大小及层高关系，均在平面图及立面图中寻找尺寸，剖面图与立面

图一样,各构件关系要表达明确,使用填充方式加以区别。

【绘制步骤】

(1)绘制轴网(图 6.37)。

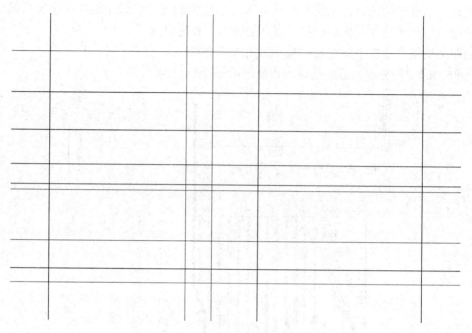

图 6.37 绘制轴网

(2)绘制各层高及墙面(图 6.38)。

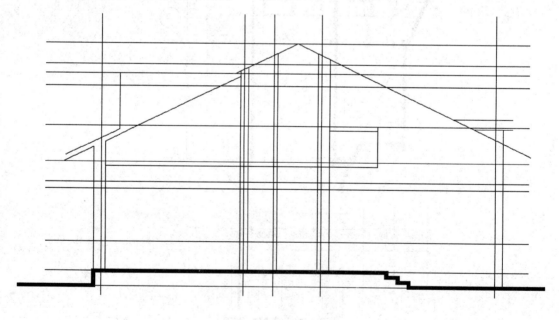

图 6.38 绘制层高及墙面

(3)绘制各层细部(图 6.39)。

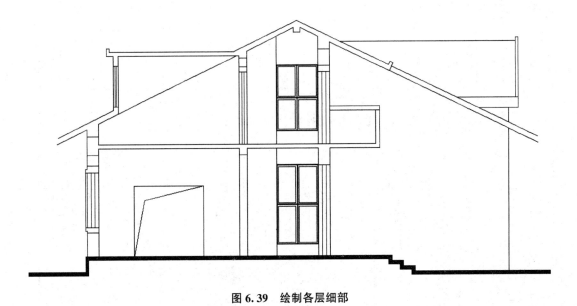

图 6.39　绘制各层细部

(4)填充屋顶、墙面、断面(图 6.40)及装框(图 6.41)。

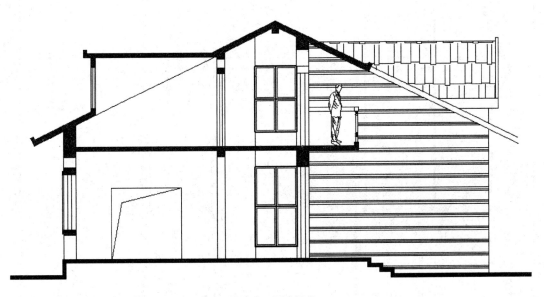

图 6.40　图案填充

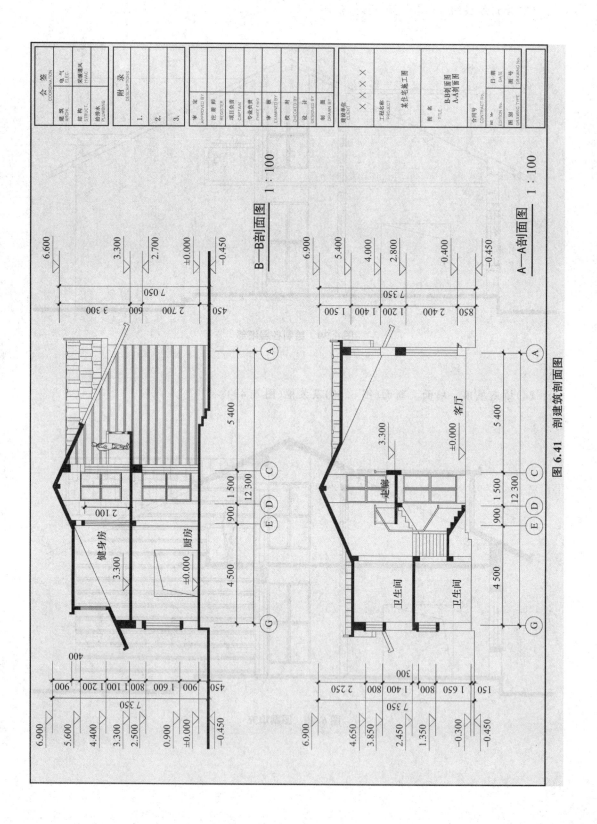

图 6.41 剖建筑剖面图

6.5 建筑装饰剖面图的绘制

剖面图主要用于表现房屋内部的各种结构或构造形式、分层情况和各部位的联系、材料及其高度等，是配合平面图、立面图、大样图等的重要图样之一。本节主要讲解建筑外装饰、局部装饰剖面图的绘制。

6.5.1 建筑外装饰剖面图的绘制

用计算机绘制剖面图时，一般先画辅助线，再画剖面主体，依次画相应的可见物，标注相关的尺寸、楼层标高等。

【例 6.17】 用分解的方法绘制某建筑工程的外装饰剖面图。

【绘制步骤】

(1)绘制 1—1 剖面辅助线，如图 6.42(a)所示。

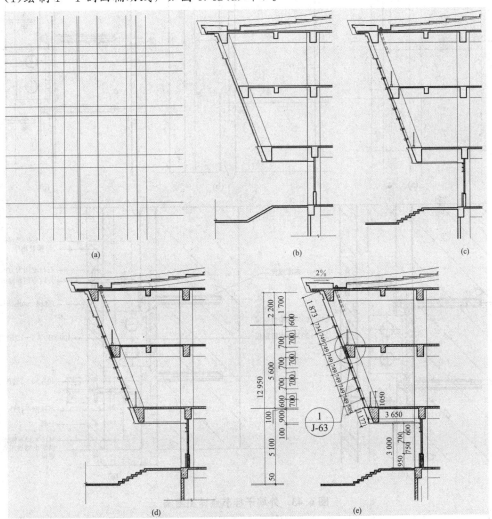

图 6.42　1—1 剖面图分解图

(a)画辅助线；(b)画建筑主体；(c)画细节；(d)填充材质；(e)标注

（2）绘制 1—1 剖面的建筑主体，如图 6.42(b)所示。

（3）绘制建筑物细节，如图 6.42(c)所示。

（4）填充材质，如图 6.42(d)所示。

（5）标注，如图 6.42(e)所示。

【例 6.18】 用分解的方法绘制外墙干挂节点大样图。

【绘制步骤】

（1）绘制外墙干挂节点详图的轴线，如图 6.43(a)所示。

（2）绘制外墙干挂节点详图的大致轮廓，如图 6.43(b)所示。

（3）绘制外墙干挂节点详图的螺栓等细节部分，如图 6.43(c)所示。

（4）对外墙干挂节点详图进行填充，如图 6.43(d)所示。

（5）标注外墙干挂节点详图的说明和尺寸，如图 6.43(e)所示。

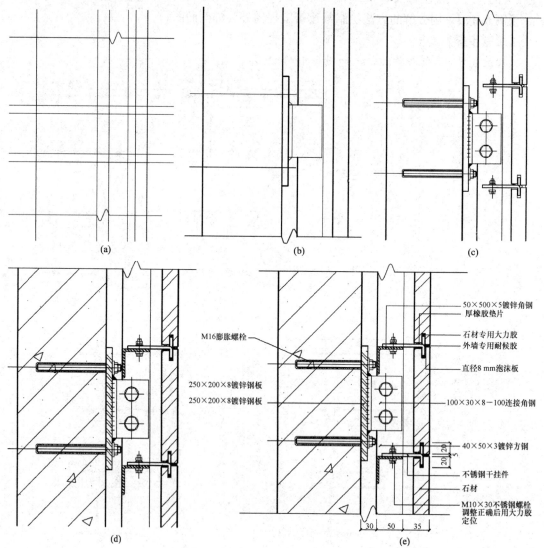

图 6.43 外墙干挂节点详图画法

（a）绘制轴线；（b）绘制轮廓；（c）绘制细节；（d）填充；（e）标注

【例6.19】 绘制双爪驳接玻璃节点(图6.44，步骤略)。

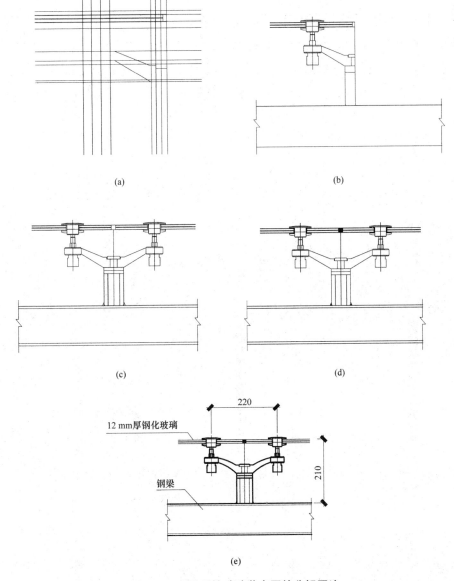

图 6.44　双爪驳接玻璃节点图的分解画法

用相同的方法绘制其他尺寸的大样图，再插入图框和图签，形成完整的大样施工图，如图 6.45 所示。

6.5.2　室内局部装饰剖面图的绘制

室内局部装饰剖面图设计主要表现装饰立面图上没有表达清楚的地方，如某个房间的内墙装饰的构造等。对于某些在装饰立面图上没有表达清楚的凹凸层面，都可以在室内局部装饰剖面图上表达。

室内局部装饰剖面图根据建筑装饰平面图及建筑装饰立面图来绘制。

【例6.20】 现有三个剖面例子如图6.46所示，用分解的方法画其中①的剖面图。

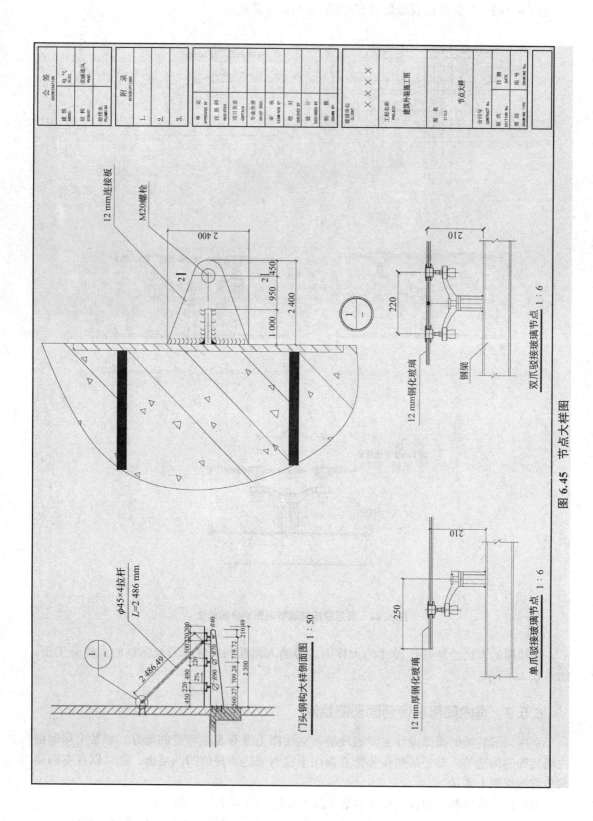

图 6.45 节点大样图

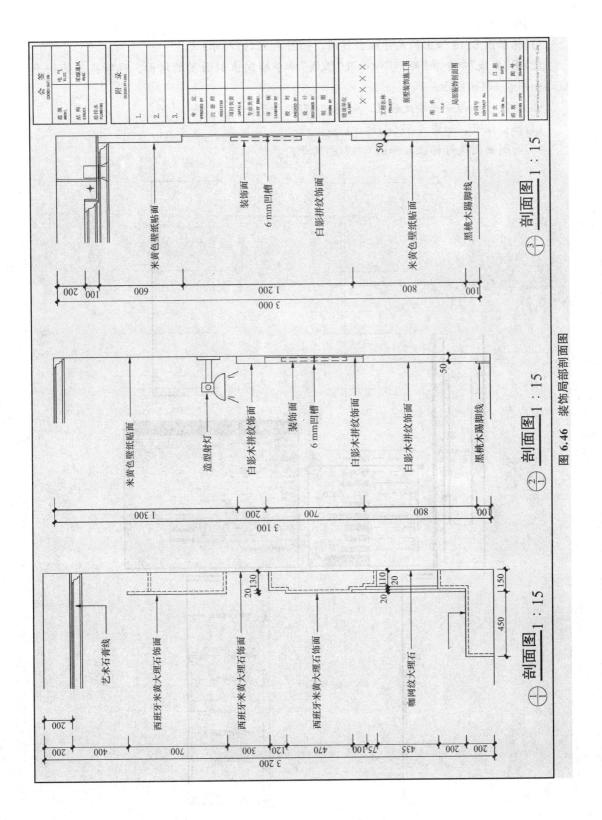

图 6.46 装饰局部剖面图

【操作步骤】

(1)根据图 6.46 给出的尺寸画出轴网,如图 6.47(a)所示;

(2)用"直线"命令和"矩形"命令及"弧线"命令绘制出剖面图的墙面、踢脚线等的轮廓线,如图 6.47(b)所示;

(3)绘制虚线部分并修改设置,如图 6.47(c)所示;

(4)画出细节,如图 6.47(d)所示;

(5)对剖面图进行标注,如图 6.47(e)所示。

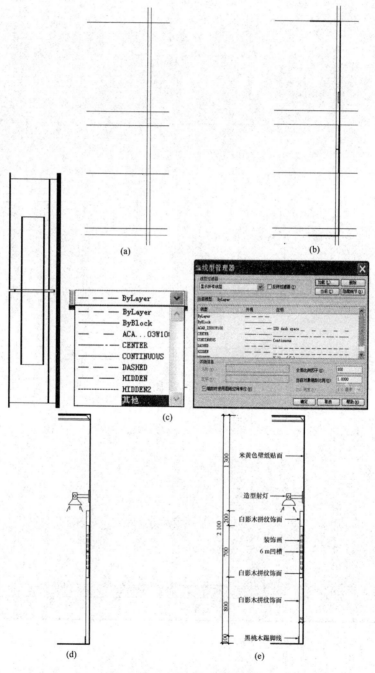

图 6.47 别墅装饰局部剖面图

(a)画出轴网;(b)画轮廓;(c)绘制虚线部分;(d)画出细节;(e)标注

【例 6.21】 用分解的方法绘制别墅楼梯剖面图，如图 6.48 和图 6.49 所示(步骤略)。

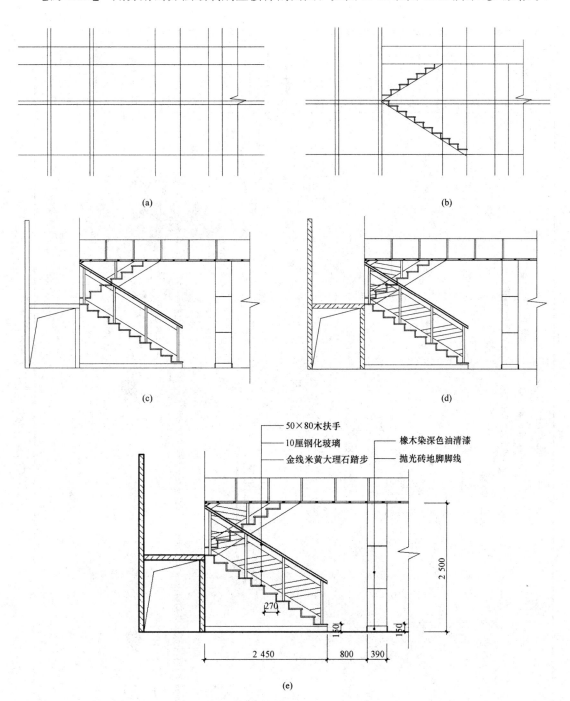

(a)

(b)

(c)

(d)

50×80木扶手
10厘钢化玻璃
金线米黄大理石踏步
橡木染深色油清漆
抛光砖地脚线

2 500

270

150

150

2 450

800

390

(e)

图 6.48　别墅楼梯剖面图

(a)绘制剖面图的辅助线；(b)均分并粘贴、复制踏步；(c)绘制栏杆及扶手；

(d)填充相关墙体及绘制玻璃；(e)对别墅楼梯剖面图进行标注

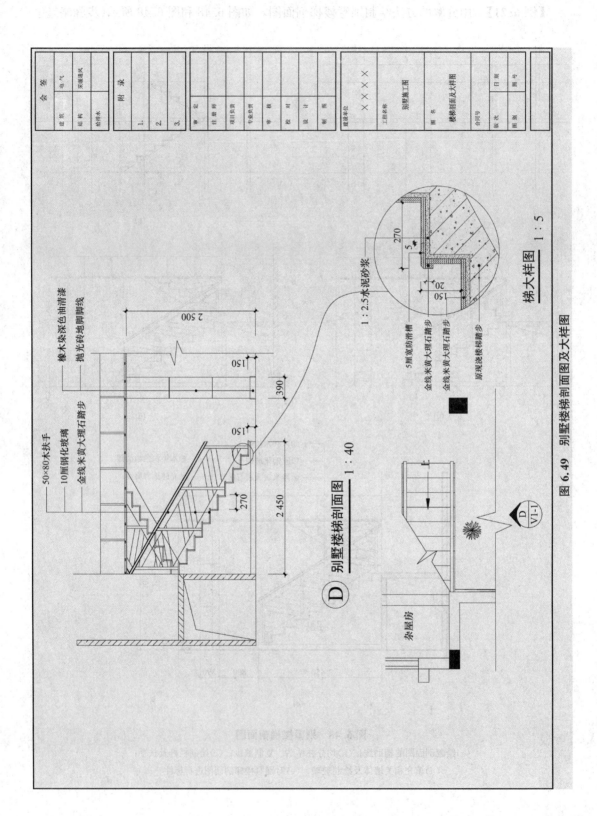

【例6.21】 ……

梯大样图 1:5

别墅楼梯剖面图 1:40

D
V1-1

杂屋房

图6.49 别墅楼梯剖面图及大样图

水泥砂浆 1:2.5

270
5
20
150
150

5厘筑防滑槽
金线米黄大理石踏步
金线米黄大理石踏步
原现浇楼梯踏步

2 500
150
390
150
270
2 450

橡木染深色油清漆
抛光砖地脚脚线
50×80木扶手
10厘钢化玻璃
金线米黄大理石踏步

 实训

【实训1】 绘制如图 6.50 所示的图形。

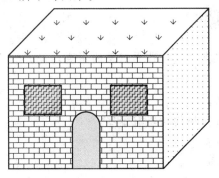

图 6.50 实训 1 图

实训要求:

(1)执行"矩形"命令绘制一个矩形框、窗户。

(2)执行"多段线"命令绘制门。

(3)利用图案填充命令,输入命令后将弹出"图案填空创建"栏,选择内部点、图案,分别填充屋面、窗、墙面、侧面墙。

【实训2】 绘制图块如图 6.51 所示。

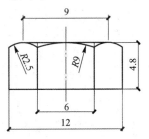

图 6.51 绘制图块

实训要求:

(1)利用"块定义"对话框进行适当设置来定义块。

(2)执行 WBLOCK 命令进行适当设置,保存块。

(3)打开绘制好的轴零件图。

(4)执行"外部参照附着"命令,设置相关参数,将"螺母"图形附着到轴零件图中。

📁 本章小结

在设计绘图过程中,经常会遇到一些重复出现的图形(如门窗、桌椅等),如果每次都

重新绘制这些图形，不仅造成大量的重复工作，而且存储这些图形及其信息要占据相当大的空间。AutoCAD 通过提供图块来解决这些问题。本章主要介绍了图案的填充、形操作、图块操作、建筑剖面图的绘制、建筑装饰剖面图的绘制。

思考与练习

1. 简述图案填充中拾取点和选择边界对象的主要功能。
2. 图案填充中孤岛检测包括哪些？
3. 简述形的概念和定义。
4. 块的执行方式是什么？块的功能有哪些？
5. 建筑剖面图如何绘制？

第7章　建筑及室内透视图绘制

建筑透视图主要反映建筑整体外观与周围配景的空间关系、透视效果。与立面图相比，透视图具有更为直观的空间视觉效果，对分析方案及总体风格把握有较大的帮助。建筑透视图以建筑主体为重点，配置适当的建筑配景，整体考虑前后景深关系。

在计算机绘图中，建筑透视图常用的表现方法有两种，一种是用三维建模技术绘制建筑物，然后在三维空间进行旋转，以最佳角度来展示建筑物。常用的有 Sketch Up、3ds Max 等软件，AutoCAD 软件也能三维建模。另一种方法是直接用二维的绘制技术来绘制三维图形，简单实用，特别适合初学者。这种方法要求绘图者有一定的透视基础，就像一个画家在图纸上画透视图一样。

本章介绍用二维方法结合前面学习的绘图命令和图形编辑命令来绘制建筑透视图与室内透视图，并用分解的方式来说明绘制建筑和室内透视图的方法与技巧。

7.1 建筑透视图的绘制

7.1.1 透视原理

透视是通过一点作投影，也称中心投影方法，这一点称为中心点。把一个空间三维物体用中心投影法进行投影，在投影面上得到的投影图就是透视图。由于空间三维物体在投影时的角度不同，可以在投影面上得到不同的投影图，把空间三维物体连同坐标系一起放入视点坐标系中，并使原点与视点重合，把 Y 轴旋转 α 角度，绕 X 轴旋转 φ 角度，再把物体进行平移，可以在投影面上得到经过透视变换的透视图。

当 $\alpha=0$，$\varphi=0$ 时，称为单灭点透视，也叫作一点透视，如图 7.1 所示。

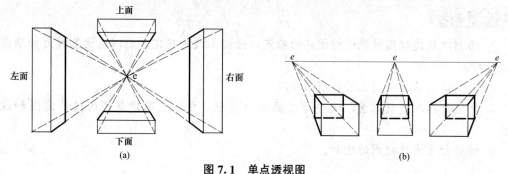

图 7.1 单点透视图

当 $\alpha=0$，$\varphi\neq0$ 或 $\alpha\neq0$，$\varphi=0$ 时，称为双灭点透视，也称为两点透视，如图 7.2 所示。

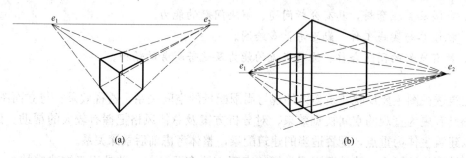

图 7.2 双点透视图

当 $\alpha\neq0$，$\varphi\neq0$ 时，称为三灭点透视，也称为三点透视，如图 7.3 所示。

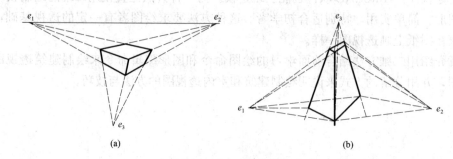

图 7.3 三点透视图

从透视的原理可以知道，由于视点、视点与物体的角度不同，透视画法也各有不同。画建筑物的透视图要尽可能表现其立体感和外形特征。

7.1.2　建筑物透视图的绘制

1. 建筑物单点透视图的绘制

绘制建筑透视图时先要确定视点，再确定透视基线，再以透视基线为标准来绘制建筑物。

【例 7.1】　用分解的方法绘制建筑单点透视图。

【绘制步骤】

(1)确定视点、透视基线及建筑物的主轮廓辅助线，如图 7.4(a)所示。

(2)由透视基线画出建筑物的 X 轴立面，如图 7.4(b)所示。

(3)由透视基线画出建筑物的 Y 轴立面，如图 7.4(c)所示。

(4)刻画建筑物的细部，执行"延伸""修剪"等命令刻画建筑物的细部线条，如图 7.4(d)所示。

(5)由透视基线画出建筑物的主楼，并检查各线条是否准确，去掉辅助线，如图 7.4(e)所示。

(6)刻画主楼的细部，执行"延伸""修剪"等命令刻画主楼的细部线条，尤其是对高层窗户的刻画，如图 7.4(f)所示。

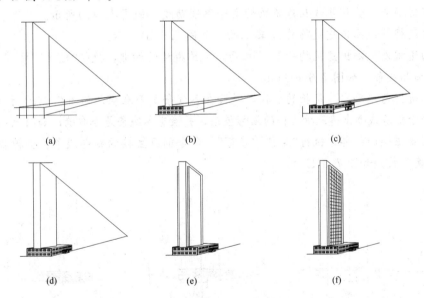

$$(a)\qquad\qquad (b)\qquad\qquad (c)$$

$$(d)\qquad\qquad (e)\qquad\qquad (f)$$

图 7.4　建筑物单点透视分解图

(a)确定辅助线；(b)画出建筑物的 X 轴立面；(c)画出建筑物的 Y 轴立面；
(d)刻画细部线条；(e)画出建筑物主楼；(f)刻画主楼的细部

注意： 画高层建筑，细部不可能表现得很清楚，如门套、窗套等。为了表现高层建筑的细部，一般用阴影来处理。完整的图形如图 7.5 所示。

2. 建筑物双点透视图的绘制

绘制时先要确定两个视点，再确定透视基线，再以透视基线为标准来绘制建筑物。双点透视有两个视点、两组透视基线。

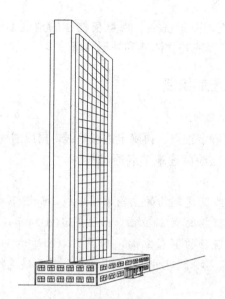

图 7.5 高层建筑的单点透视图

【例 7.2】 用分解的方法绘制建筑双点透视图。

【绘制步骤】

(1)确定视点、透视基线及建筑物的主轮廓辅助线。如图 7.6(a)所示。

(2)由透视基线画出建筑物的 X 轴立面，如图 7.6(b)所示。

(3)由透视基线画出建筑物的 Y 轴立面，刻画群楼的细部，执行"延伸""修剪"等命令刻画群楼的细部线条，如图 7.6(c)所示。

(4)由透视基线画出建筑物的主楼，并检查各线条是否准确，如图 7.6(d)所示。

(5)由透视基线画出建筑物主楼的圆形屋顶，并检查各线条是否准确，如图 7.6(e)所示。

(6)刻画主楼的细部，执行"延伸""修剪"等命令刻画主楼的细部线条。去掉辅助线，表现完整的建筑物，如图 7.6(f)所示。

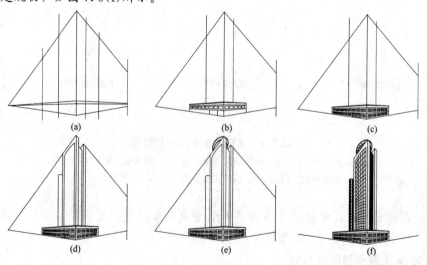

(a)　　　　　　　　　(b)　　　　　　　　　(c)

(d)　　　　　　　　　(e)　　　　　　　　　(f)

图 7.6 建筑物的双点透视画法

(a)确定主轮廓辅助线；(b)画出建筑物的 X 轴主面；(c)画出建筑物的 Y 轴主面；

(d)画出建筑物的主楼；(e)画出建筑物的主楼的图形屋顶；(f)刻画主楼细部

双点透视图可以表现高层建筑的高大宏伟，并能增强高层建筑的立体感，所以高层建筑一般用透视图表现。完整的双点透视图如图 7.7 所示。

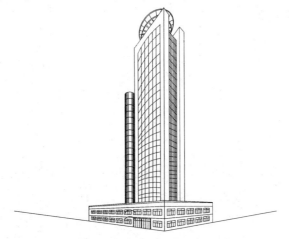

图 7.7　高层建筑的双点透视图

7.1.3　阴影处理

为了增强建筑物的立体感，在建筑物透视图上要进行阴影处理。透视图的阴影处理主要针对建筑物主体，表现的是建筑物大的块面。阴影处理时要用多组细实线，不能用图案填充的方法，以免阴影效果很重，显得呆板。阴影处理的实例如图 7.8 所示。

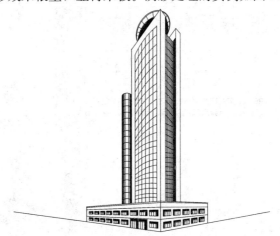

图 7.8　建筑透视图的阴影处理

7.1.4　插入配景

建筑透视图绘制完成后，为了体现建筑物的使用功能及其与周边环境的关系，往往需要插入建筑配景，包括人物、树木、花草、汽车等。插入建筑配景后可使整个图面更加美观，更能表现建筑师的设计意图和设计理念。

【例 7.3】　为图 7.8 所示的建筑插入配景。

【操作步骤】

(1)以适当的比例，分别插入树木、汽车和人物配景图块，并调整图块的位置。

(2)插入图框，效果如图 7.9 所示。

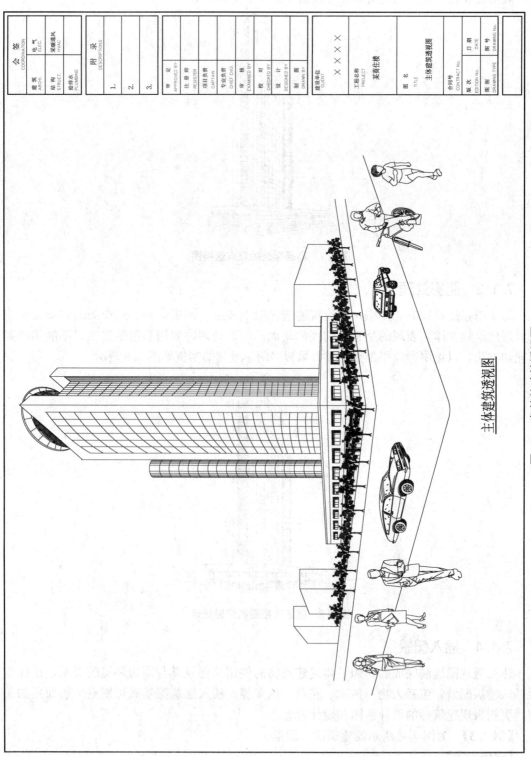

主体建筑透视图

图 7.9 完整的建筑透视图

会 签 COORDINATION		附 录 DESCRIPTIONS								
建 筑 ARCHI.	电 气 ELEC.	1.		审 定 APPROVED BY		建设单位 CLIENT	××××			
结 构 STRUCT.	采暖通风 HVAC	2.		注册师 REGISTER		工程名称 PROJECT	某商住楼			
给排水 PLUMBING		3.		项目负责 CAPTAIN		图 名 TITLE	主体建筑透视图			
				专业负责 CHIEF ENGI.		合同号 CONTRACT No.				
				审 核 EXAMINED BY		版 次 EDITION No.		日 期 DATE		
				校 对 CHECKED BY		图 别 DRAWING TYPE		图 号 DRAWING No.		
				设 计 DESIGNED BY						
				制 图 DRAWN BY						

7.2 室内透视图的绘制

建筑室内透视图可以直观地表现建筑物的内部装修与装饰，能从人的视觉角度来表现建筑物内较真实的室内布置，加上适当的建筑配景，能充分表现设计者的设计理念和设计思想，把设计的建筑物室内装修与装饰真实地展示给观者。

7.2.1 确定室内透视面

室内透视图一般表现的是一个房间内的装修与装饰，视点角度不同，效果也不同。室内透视图一般采用单点透视原理，即把视点放在远处来确定室内透视面。

视点不同，室内透视面的大小和角度会有较大区别，如图 7.10 所示。

室内透视图绘制之前，先确定室内透视面。其方法是先确定一个视点，再用矩形命令画一个矩形作为前墙面，由视点与矩形的四个角画四条直线来划分透视面，而四条直线就是室内透视面的"基线"，这四条"基线"就是画室内透视图的依据，如图 7.11 所示。

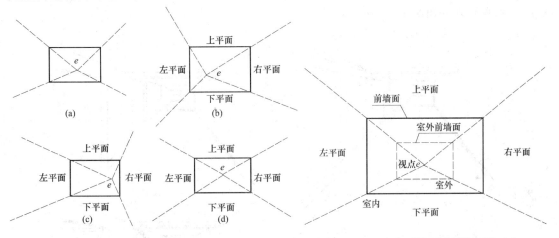

图 7.10 室内视点和透视面的示意   图 7.11 室内透视图的透视面的确定

7.2.2 室内透视图绘制

画室内透视图的一般顺序是左墙面、右墙面、地面，最后是前墙面和天花板。

【例 7.4】 用分解的方式绘制室内透视图。

【绘制步骤】

(1)确定透视面和左墙面。

1)确定视点和透视面，如图 7.12(a)所示。

2)从视点绘制左墙面的辅助线，如图 7.12(b)所示。

3)绘制左墙面，如图 7.12(c)所示。

4)细致刻画左墙面并去掉辅助线，如图 7.12(d)所示。

(2)绘制右墙面。

1)从视点开始绘制右墙面的辅助线，如图 7.13(a)所示。

2)用辅助线绘制右墙面并去掉多余线段，如图 7.13(b)所示。

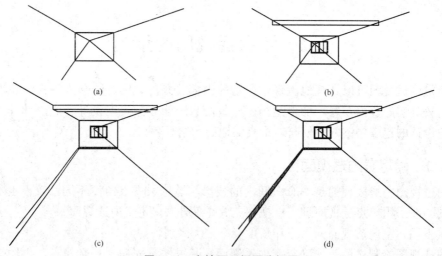

图 7.12　左墙面透视图分解图

(a)确定视点和透视面；(b)绘制左墙面辅助线；(c)绘制左墙面；(d)细致刻画左墙面

3)绘制门，如图 7.13(c)所示。

4)细致刻画右墙并去掉辅助线，如图 7.13(d)所示。

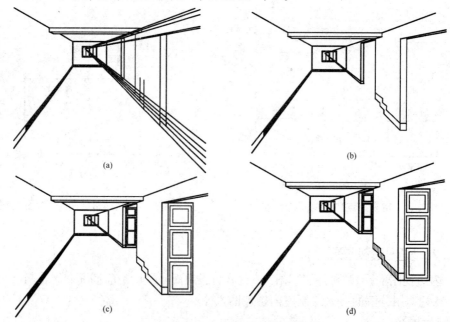

图 7.13　右墙面透视图分解图

(a)绘制右墙面辅助线；(b)用辅助线绘制右墙面；(c)绘制门；(d)细致刻画右墙

(3)绘制地平面并添加配景。

1)从视点绘制地平面的辅助线，包括地板、台阶、隔断定位等，如图 7.14(a)所示。

2)绘制隔断，填充地板等，如图 7.14(b)所示。

3)填充植物、灯饰等配景，如图 7.14(c)所示。

4)细致刻画并去掉辅助线，如图 7.14(d)所示。

最后检查其细部图形并作适当的修改，将图装框，效果如图 7.15 所示。

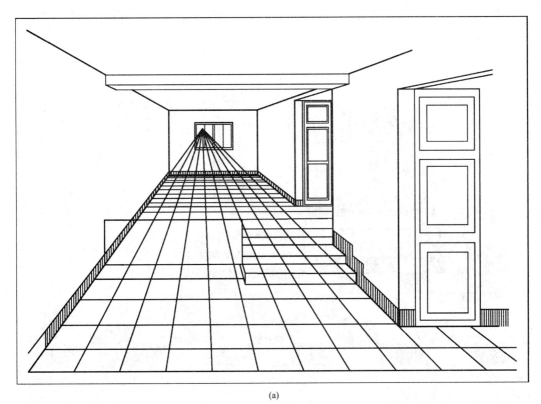

(a)

(b)

图 7.14 地平面透视图分解图

(a)绘制地平面的辅助线；(b)绘制隔断，填充地板

(c)

(d)

图 7.14　地平面透视图分解图(续)

(c)填充植物、灯饰等；(d)细致刻画并去掉辅助线

室内透视图

图 7.15 室内透视图

在建筑室内透视图的绘制过程中，室内的墙面、陈设在绘制以前都要从视点处作辅助线，所画的每一线条都要符合透视原理，这样画出的室内透视图才有透视感和真实感。同时，室内透视图各部分的尺寸也要准确，才不会发生图面失真的现象。

绘制某展览馆透视图，如图 7.16 所示。

图 7.16　建筑透视图——展览馆

实训要求：

(1)确定视点、透视基线及建筑物的主轮廓辅助线。

(2)由透视基线画出建筑物 X 轴立面图、Y 轴立面图。

(3)刻画建筑物的细部，用"延伸""修剪"等命令刻画建筑物的细部线条。

(4)以适当的比例，分别插入树木、汽车和人物配景图块，并调整图块的位置。

本章小结

　　建筑透视图主要反映建筑整体外观与周围配景的空间关系、透视效果。本章介绍用二维方法结合前面学习的绘图命令和图形编辑命令来绘制建筑透视图与室内透视图。建筑透视图是按一定的透视原理、方法绘制的建筑立体图，表示建筑物内部或外部的形体和室内外环境，如绿化、人物、车辆、家具等。建筑室内透视图可以直观地表现建筑物的内部装修与装饰，能从人的视觉角度来表现建筑物内较真实的室内布置，加上适当的建筑配景，能充分表现设计者的设计理念和设计思想，把设计的建筑物室内装修与装饰真实地展示给观者。

思考与练习

1. 什么是透视图？简述透视图的绘制原理。

2. 简述建筑物单点透视图的绘制过程。

3. 简述建筑物双点透视图的绘制原理。

4. 什么是透视图的阴影处理？阴影处理时要注意什么？

5. 视点不同，室内透视面的大小和角度会有哪些区别？

第8章　三维绘图

1. 了解视点、视图、视口及用户坐标系的执行命令方式。
2. 掌握多段体、长方体、圆柱体、圆环体的执行命令；了解各个选项说明。
3. 掌握拉伸、旋转、扫掠、放样的执行命令；了解各个选项说明。
4. 掌握倒角边、圆角边、三维阵列、三维镜像的执行命令；了解各个选项说明。

1. 能进行三维多段体、长方体、圆柱体、圆环体的创建。
2. 能对绘制的三维图进行拉伸、旋转、扫掠、放样等编辑。
3. 能对绘制的三维图形进行倒角边、圆角边、三维阵列、三维镜像等编辑。

1. 有效的计划并实施各种活动；了解并遵守各种行为规范和操作规范。
2. 听取他人的意见，积极讨论各种观点想法，共同努力，达成一致意见。
3. 具有良好的团队合作、沟通交流的能力，具有良好吃苦耐劳的精神。

8.1　三维绘图的基本概念

8.1.1　视点

在 AutoCAD 绘图空间中可以在不同的位置进行观察图形，这些位置就称为视点，而使用"视点预设"命令则可以设置视点。

"视点预设"命令有以下三种方法：

(1)命令行：输入"DDVPOINT"或"VP"。

(2)菜单栏：执行菜单栏"视图"→"三维视图"→"视点预置"命令。

执行"视点预设"命令后，系统弹出"视点预设"对话框，如图8.1所示。在此对话框中可以进行投射角和方位角的设置。

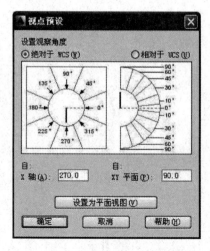

图8.1　"视点预设"对话框

8.1.2　视图

为了便于观察和编辑三维模型，AutoCAD为使用者提供了一些标准视图，具体有六个正交视图(俯视、仰视、左视、右视、前视和后视)和四个等轴测图(西南、东南、东北、西北)。

视图的切换主要有以下几种方法：

(1)工具栏：单击"视图"工具栏中相应的按钮。

(2)菜单栏：执行菜单栏"视图"→"三维视图"命令。

(3)绘图区：单击绘图区左上角"视图控件"按钮，选择"俯视"命令[-][俯视][二维线框]，从弹出的菜单中切换视图。

上述六个正交视图和四个等轴测图用于显示三维模型的主要特征视图，便于观察和绘制三维形体。

8.1.3　视口

视口是用于绘制图形、显示图形的区域。AutoCAD在默认设置下将整个绘图区作为一个视口，在建模过程中，有时需要从各个不同视点上观察模型的不同部分，所以，AutoCAD为使用者提供了视口的分割功能，可以将默认的一个视口分割成多个视口。这样，使用者可以从不同的方向观察三维模型的不同部分，如图8.2所示。

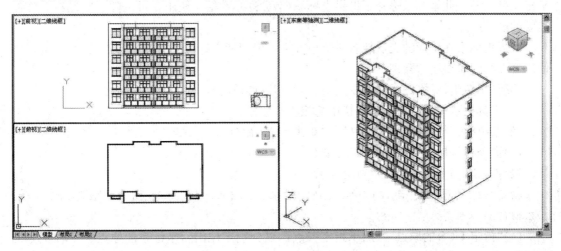

图8.2　分割视口

视口的分割与合并具有以下几种方法：

(1)通过菜单分割视口。执行菜单栏"视图"→"视口"级联菜单中的相关命令，即可将当前视口分割为两个、三个或多个视口。

(2)单击"视口"工具栏或面板中的相应按钮。

(3)通过对话框分割视口。执行菜单栏"视图"→"视口"→"新建视口"命令，弹出图8.3所示的"视口"对话框，在此对话框中，使用者可以对分割视口进行提前预览，使使用者能够方便直接地分割视口。

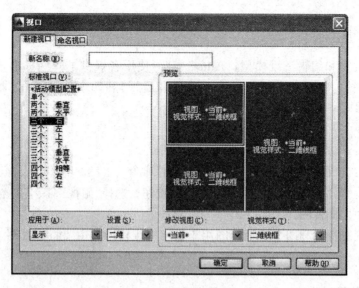

图 8.3 "视口"对话框

8.1.4 用户坐标系

为了方便在三维空间绘图,AutoCAD 为使用者提供了一种非常灵活的坐标系——用户坐标系(UCS)。此坐标系弥补了世界坐标系(WCS)的不足,使用者可以随意定制符合作图需要的 UCS。

世界坐标系在坐标轴交点处有一个小方格,使用者坐标系在坐标轴交点处没有小方格,使用者在绘图时要注意甄别。

执行"用户坐标系(UCS)"命令主要有以下几种方式:

(1)工具栏:单击"UCS"工具栏中的相应按钮。

(2)菜单栏:执行菜单栏"工具"→"新建 UCS"命令。

(3)命令行:输入 UCS 后按 Enter 键。

执行 UCS 命令后命令提示行会提示:

指定 UCS 的原点或[面(F)/命名(NA)/对象(OB)/上一个(P)/视图(V)/世界(W)/X/Y/Z/Z 轴(ZA)]<世界>:

(1)"指定 UCS 的原点":用于指定三点,以分别定位出新坐标系的原点、X 轴正方向和 Y 轴正方向。

(2)"面(F)":用于选择一个实体的平面作为新坐标系的 XOY 面。使用者必须使用点选法选择实体。

(3)"命名(NA)":主要用于恢复其他坐标系为当前坐标系、为当前坐标系命名保存及删除不需要的坐标系。

(4)"对象(OB)":表示通过选定的对象创建 UCS 坐标系。使用者只能使用点选法来选择对象,否则无法执行此命令。

(5)"前一个(P)":用于将当前坐标系恢复到前一次所设置的坐标系位置,直到将坐标系恢复为 WCS 坐标系。

(6)"视图(V)":表示将新建的使用者坐标系的 X、Y 轴所在的面设置成与屏幕平行,其原点保持不变，Z 轴与 XY 平面正交。

"世界（W）"：用于选择世界坐标系作为当前坐标系，使用者可以从任何一种 UCS 坐标系下返回到世界坐标系。

"X/Y/Z"：原坐标系坐标平面分别绕 X、Y、Z 轴旋转而形成新的用户坐标系。

"Z 轴"：用于指定 Z 轴方向以确定新的 UCS 坐标系。

8.1.5　三维模型

AutoCAD 为使用者提供了三种模型：实体模型、曲面模型和网格模型。通过三种模型，使使用者可以建立直观的三维感性认识。实体模型是实心的物体，使用者可以对其打孔、切槽、扣挖、倒角等布尔运算，也可以进行渲染和着色。曲面模型是一些实体的表面，使用者可以对其进行修剪、延伸、圆角、偏移等编辑操作，也可以进行渲染和着色。网格模型也叫作表面模型，它是由一系列具有连接顺序的棱边围成的表面，再由表面的集合形成三维物体，是空心的形体，不能进行布尔运算，但可以进行渲染和着色。

8.1.6　视觉样式

AutoCAD 提供了几种控制模型外观显示效果的视觉样式，能快速显示出三维物体的逼真形态，对三维模型的效果显示有很大帮助。执行菜单栏"视图"→"视觉模式"命令，显示如图 8.4 所示的列表。

"视觉样式"的切换主要有以下四种方法：

（1）工具栏：单击"视觉样式"工具栏中的相应按钮。

（2）菜单栏：执行菜单栏"视图"→"视觉样式"命令。

（3）命令行：在命令行输入"VS"后按 Enter 键进行切换。

（4）绘图区：单击绘图区左上角"视图控件"按钮，选择"二维线框"命令 [-][俯视][二维线框]，从弹出的菜单中切换视觉样式。

用户可根据需要进行模型外观视觉样式的设置。

图 8.4　"视觉样式"列表

8.2 三维透视图的创建

8.2.1 创建多段体

执行 POLYSOLID 命令，用户可以将现有的直线、二位多段线、圆弧或圆转换为具有巨型轮廓的建模。多段体可以包含曲线线段，在默认情况下轮廓始终为矩形。

1. 执行方式

(1)工具栏：单击"建模"工具栏中的"多段体"按钮▢。

(2)菜单栏：执行菜单栏"绘图"→"建模"→"多段体"命令。

(3)功能区：单击"三维工具"选项卡"建模"面板中的"多段体"按钮▢。

(4)命令行：输入"POLYSOLID"后按 Enter 键。

2. 操作格式

命令：POLYSOLID

高度＝80.000 0，宽度＝5.000 0，对正＝居中

指定起点或[对象(O)/高度(H)/宽度(W)/对正(J)]＜对象＞：

指定下一个点或[圆弧(A)/放弃(U)]：

指定下一个点或[圆弧(A)/放弃(U)]：

指定下一个点或[圆弧(A)/闭合(C)/放弃(U)]：

指定下一个点或[圆弧(A)/闭合(C)/放弃(U)]：取消

3. 选项说明

(1)对象(O)：指定要转换为建模的对象。可以将直线、圆弧、二维多段线、圆等转换为多段体，如图 8.5 所示。

(2)高度(H)：指定建模的高度。

(3)宽度(W)：指定建模的宽度。

(4)对正(J)：使用命令定义轮廓时，可以将建模的宽度和高度设置为左对正、右对正或居中，对正方式由轮廓的第一条线段的起始方向决定。

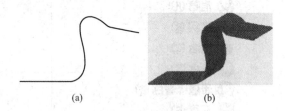

(a)   (b)

图 8.5 多段体

(a)二维多段线；(b)对应的多段体

8.2.2 创建长方体

长方体是最简单的实体单元，下面讲述其绘制方法。

1. 执行方式

(1)工具栏：单击"建模"工具栏中的"长方体"按钮 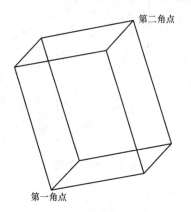。

(2)菜单栏：执行菜单栏"绘图"→"建模"→"长方体"命令。

(3)功能区：单击"三维工具"选项卡"建模"面板中的"长方体"按钮 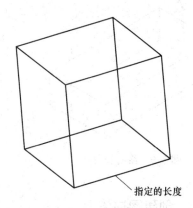。

(4)命令行：输入"BOX"后按 Enter 键。

2. 操作格式

命令：BOX

指定第一个角点或[中心（C）]：0，0，0

指定其他角点或[立方体(C)/长度(L)]：

3. 选项说明

(1)指定第一点。用于确定长方体的一个顶点位置。

(2)指定其他角点。用于指定长方体的其他角点。输入另一角点的数值，即可确定该长方体。如果输入的是正值，则沿着当前 UCS 的 X、Y 和 Z 轴的正向绘制长度；如果输入的是负值，则沿着 X、Y 和 Z 轴的负向绘制长度。图 8.6 是利用角点创建的长方体。

(3)立方体(C)：用于创建一个长、宽、高相等的长方体。图 8.7 是利用立方体创建的长方体。

(4)长度(L)。按要求输入长、宽、高的值。图 8.8 是利用长、宽和高创建的长方体。

图 8.6　利用角点创建的长方体

图 8.7　利用立方体创建的长方体

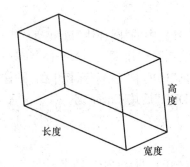

图 8.8　利用长、宽、高创建的长方体

【例8.1】 利用上面学过的"长方体"和布尔运算命令绘制单凸平梯块。

首先绘制长方体(图8.9),然后利用差集和并集运算完成建模。操作步骤如下:

(1)新建文件。单击"快速访问"工具栏中的"新建"按钮,弹出"新建"对话框,进入绘图环境。

(2)设置线框密度。在命令行中输入 ISOLINES 命令,默认设置是4,有效值的范围为0～2 047。设置对象上每个曲面的轮廓线数目为10。命令行提示与操作如下:

命令: ISOLINES↙

输入 ISOLINES 的新值<4>: 10

(3)设置视图方向。单击"可视化"选项卡"视图"面板中的"西南等轴测"按钮,将当前视图方向设置为西南等轴测图。

(4)单击"三维工具"选项卡"建模"面板中的"长方体"按钮,绘制长方体,如图8.10所示。命令行提示与操作如下:

命令: box

指定第一个角点或[中心(C)]: 0, 0, 0↙

使用相同方法,绘制另外三个长方体,其长方体1的坐标为{(25, 0, 0)、(75, 50, 50)},长方体2的坐标为{(75, 0, 0)、(100, 150, 50)},长方体3的坐标为{(0, 200, 0)、(−25, 150, 75)}。

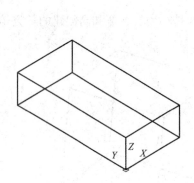

图8.9 绘制长方体

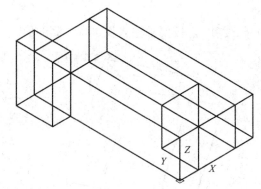

图8.10 查看图形

8.2.3 创建圆柱体

圆柱体是一种简单的实体单元。

1. 执行方式

(1)工具栏:单击"建模"工具栏中的"圆柱体"按钮▣。

(2)菜单栏:执行菜单栏"绘图"→"建模"→"圆柱体"命令。

(3)功能区:单击"三维工具"选项卡"建模"面板中的"圆柱体"按钮▣。

(4)命令行:输入"CYLINDER"后按 Enter 键。

2. 操作格式

命令: CYLINDER

指定底面的中心点或[三点(3P)/两点(2P)/切点、切点、半径(T)/椭圆(E)]:

3. 选项说明

(1)指定底面的中心点:先输入底面圆心的坐标,然后指定底面的半径和高度,此选项为系统的默认选项。AutoCAD 按指定的高度创建圆柱体，且圆柱体的中心线与当前坐标系的 Z 轴平行，如图 8.11 所示。可以指定另一个端面的圆心来指定高度，AutoCAD 根据圆柱体两个端面的中心位置来创建圆柱体，该圆柱体的中心线就是两个端面的连线，如图 8.12 所示。

(2)椭圆(E)：创建椭圆圆柱体。椭圆端面的绘制方法与平面椭圆一样，创建的椭圆圆柱体如图 8.13 所示。

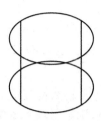 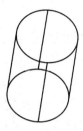

图 8.11　按指定高度创建圆柱体　　图 8.12　指定圆柱体另一个端面的中心位置

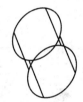

图 8.13　椭圆圆柱体

8.2.4　绘制圆环体

圆环体也属于一种简单的实体单元。

1. 执行方式

(1)工具栏：单击"建模"工具栏中的"圆环体"按钮◉。

(2)菜单栏：执行菜单栏"绘图"→"建模"→"圆环体"命令。

(3)功能区：单击"三维工具"选项卡"建模"面板中的"圆环体"按钮◉。

(4)命令行：输入"TORUS"后按 Enter 键。

2. 操作步骤

命令：TORUS

指定中心点或[三点(3P)/两点(2P)/切点、切点、半径(T)]：

指定半径或[直径(D)]<467.417 3>：

指定圆管半径或[两点(2P)/直径(D)]：

8.2.5　拉伸

拉伸是指在平面图形的基础上沿一定路径生成三维实体的过程。

1. 执行方式

(1)工具栏：单击"建模"工具栏中的"拉伸"按钮▣。

(2)菜单栏：执行菜单栏"绘图"→"建模"→"拉伸"命令。

(3)功能区：选择"三维工具"→"建模"→"拉伸" 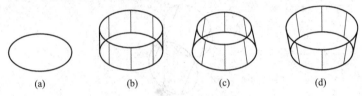 命令。

(4)命令行：输入"EXTRUDE"后按 Enter 键。

2. 操作步骤

命令：_ extrude

当前线框密度： ISOLINES=4，闭合轮廓创建模式=实体

找到 1 个

_ MO 闭合轮廓创建模式[实体(SO)/曲面(SU)]<实体>：_ SO

指定拉伸的高度或[方向(D)/路径(P)/倾斜角(T)/表达式(E)]<567.2413>：

3. 选项说明

(1)指定拉伸的高度。按指定的高度拉伸出三维建模对象。输入高度值后，根据实际需要，指定拉伸的倾斜角度。如果指定的角度为0°，AutoCAD 则把二维对象按指定的高度拉伸成柱体；如果输入角度值，拉伸后建模截面沿拉伸方向按此角度变化，成为一个棱台或圆台体。图8.14 为不同角度拉伸圆的结果。

图8.14 拉伸圆

(a)拉伸前；(b)拉伸维角为0°；(c)拉伸维角为10°；(d)拉伸维角为10°

(2)方向(D)。通过指定的两点确定拉伸的长度和方向。

(3)路径(P)。以现有的图形对象作为拉伸创建三维建模对象。图8.15 所示为沿圆弧曲线路径拉伸圆的结果。

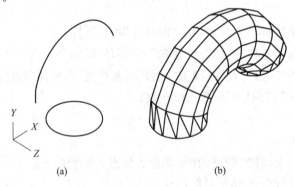

图8.15 沿圆弧曲线路径拉伸圆

(a)拉伸前；(b)拉伸后

(4)倾斜角(T)。用于拉伸的倾斜角是两个指定点间的距离。

(5)表达式(E)。用于公式或方程式以指定拉伸高度。

8.2.6 旋转

旋转是指一个平面图形围绕某个轴转过一定角度形成实体的过程。

1. 执行方式

(1)工具栏：单击"建模"工具栏中的"旋转"按钮 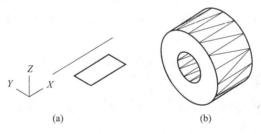。

(2)菜单栏：执行菜单栏"绘图"→"建模"→"旋转"命令。

(3)功能区：单击"三维工具"选项卡"建模"面板中的"旋转"按钮 。

(4)命令行：输入"REVOLVE"后按 Enter 键。

2. 操作步骤

命令：REVOLVE

当前线框密度：ISOLLNES=4，闭合轮廓创建模式= 实体

选择要旋转的对象或[模式(MO)]：　　　　(选择绘制好的二维对象)

选择要旋转的对象或[模式(MO)]：　　　(继续选择对象或按 Enter 键结束选择)

指定轴启动点或根据以下选项之一定义轴[对象(O)/X/Y/Z]<对象> :

3. 选项说明

(1)"指定轴起点"：通过两个点来定义旋转轴。AutoCAD 按指定的角度和旋转轴旋转二维对象。

(2)"对象(O)"：选择已经绘制好的直线或用"多段线"命令绘制的直线段作为旋转轴线。

(3)"X(Y)轴"：将二维对象绕当前坐标系(UCS)的 $X(Y)$ 轴旋转。图 8.16 所示为矩形平面绕 X 轴旋转的结果。

(a)　　　　　　　　　　(b)

图 8.16　矩形平面绕 X 轴旋转的结果

(a)旋转界面；(b)旋转后的建模

8.2.7 扫掠

扫掠是指某平面轮廓沿着某个指定的路径扫描过的轨迹形成三维实体的过程。"拉伸"是以拉伸对象为主体，以拉伸实体相对于拉伸对象所在的平面位置为基准开始生成；"扫掠"是以路径为主体，即扫掠实体从路径所在的位置开始生成，并且路径可以是空间曲线。

1. 执行方式

(1)工具栏：单击"建模"工具栏中的"扫掠"按钮 。

(2)菜单栏：执行菜单栏"绘图"→"建模"→"扫掠"命令。

(3)功能区：单击"三维工具"选项卡"建模"面板中的"旋转"按钮 。

(4)命令行：输入"SWEEP"后按 Enter 键。

2. 操作步骤

命令：SWWEEP

当前线框密度：ISOLLNES＝4，闭合轮廓创建模式＝实体

选择要扫掠的对象或[模式(MO)]：　　　　　　　　　　(选择对象，选择图 8.17(a)中的圆)

选择要扫掠的对象或[模式(MO)]：

选择扫掠路径或[对齐(A)/基点(B)/比例(S)/扭曲(T)]：

　　　　　　　　　　　　　　　(选择对象，选择图 8.17(a)中的螺旋线)

扫掠结果如图 8.17(b)所示。

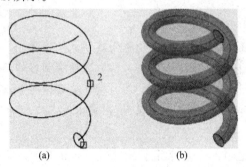

(a)　　　　　　　　　(b)

图 8.17　扫掠对象和扫掠结果

(a)扫掠对象；(b)扫掠结果

3. 选项说明

(1)"对齐(A)"：指定是否对齐轮廓以使其作为扫掠路径切向的法向。在默认情况下，轮廓是对齐的。

(2)"基点(B)"：指定要扫掠对象的基点。如果指定的点不在选定对象所在的平面上，则该点将被投影在该平面上。

(3)"比例(S)"：指定比例因子以进行扫掠操作。从扫掠路径的开始到结束，比例因子将统一应用到扫掠的对象上。

(4)"扭曲(T)"：设置正被扫掠对象的扭曲角度。扭曲角度指定沿扫掠路径全部长度的旋转量。

其中，"倾斜(B)"选项指定被扫掠的曲线是否沿三维扫掠路径(三维多线段、三维样条曲线或螺旋线)自然倾斜(旋转)。

图 8.18 所示为扭曲扫掠。

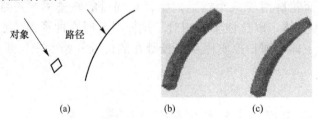

对象　　　路径

(a)　　　　　　　(b)　　　　(c)

图 8.18　扭曲扫掠

(a)对象和路径；(b)不扭曲；(c)扭曲 45°

8.2.8 放样

放样是指按指定的导向线生成实体的过程，使实体的某几个截面形状正好是指定的平面图形形状。

1. 执行方式

(1)工具栏：单击"建模"工具栏中的"放样"按钮 。

(2)菜单栏：执行菜单栏"绘图"→"建模"→"放样"命令。

(3)功能区：单击"三维工具"选项卡"建模"面板中的"旋转"按钮 。

(4)命令行：输入"SWEEP"后按 Enter 键。

2. 操作步骤

命令：loft

当前线框密度：　ISOLINES=4，闭合轮廓创建模式=实体

按放样次序选择横截面或[点(PO)/合并多条边(J)/模式(MO)]：_ MO闭合轮廓创建模式[实体(SO)/曲面(SU)]<实体>：_ SO

按放样次序选择横截面或[点(PO)/合并多条边(J)/模式(MO)]：找到1个

按放样次序选择横截面或[点(PO)/合并多条边(J)/模式(MO)]：找到1个(1个重复)，总计1个

输入选项[导向(G)/路径(P)/仅横截面(C)/设置(S)]<仅横截面>：

3. 选项说明

(1)"导向(G)"：指定控制放样建模或曲面形状的导向曲线。导向曲线是直线或曲线，可通过将其他线框信息添加到对象来进一步定义建模或曲面的形状，如图8.19所示。

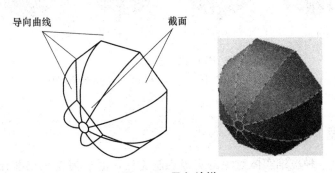

图8.19　导向放样

(2)"路径(P)"：指定放样建模或曲面的单一路径。

(3)"仅横截面(C)"：选择该选项，系统弹出"放样设置"对话框，如图8.20所示。其中有4个单项按钮：图8.21(a)为选中"直纹"单选按钮的放样结果示意图；图8.21(b)为选中"平滑拟合"单选按钮的放样结果示意图；图8.21(c)为选中"法线指向"单选按钮并选择"所有横截面"选项的放样结果示意图；图8.21(d)为选中"拔横斜度"单选按钮并设置起点角度为45°、起点幅值为10、端点角度为60°、端点幅值为10的放样结果示意图。

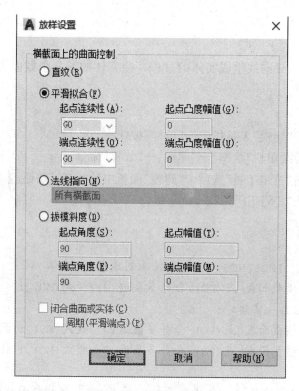

图 8.20　"放样设置"对话框

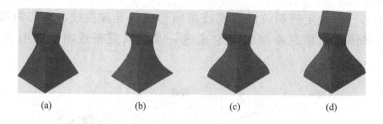

(a)　　　　　　　(b)　　　　　　　(c)　　　　　　　(d)

图 8.21　放样示意

(a)直纹；(b)平滑拟合；(c)法线指向；(d)拔模斜度

8.2.9　拖曳

拖曳实际上是一种三维实体对象的夹点编辑方法，通过拖曳三维实体上的夹持点来改变三维实体的形状。

1. 执行方式

(1)工具栏：单击"建模"工具栏中的"按住并拖动"按钮![]。

(2)功能区：单击"三维工具"选项卡"实体编辑"面板中的"按住并拖动"按钮![]。

(3)命令行：输入"PRESSPULL"后按 Enter 键。

2. 操作步骤

命令：PRESSPULL

单击有限区域以进行按住并拖动操作。

选择有限区域后，按住鼠标左键并拖动，相应的区域就会进行拉绳变形。图8.22所示为选择圆台上表面，按住并拖动的结果。

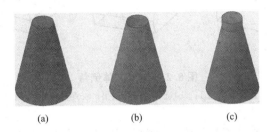

图 8.22 拖曳示意
(a)圆台；(b)向下拖动；(c)向上拖动

8.3 三维建模操作

8.3.1 倒角边

三维造型绘制中的"倒角"命令与二维绘制中的"倒角"命令相同，但执行方法略有差别。

1. 执行方式

(1)工具栏：单击"实体编辑"工具栏中的"倒角边"按钮 。
(2)菜单栏：执行菜单栏"修改"→"实体编辑"→"倒角边"命令。
(3)功能区：单击"三维工具"选项卡"实体编辑"面板中的"倒角边"按钮 。
(4)命令行：输入"CHAMFEREDGE"后按 Enter 键。

2. 操作步骤

命令：CHAMFEREDGE
距离 1=1.0000，距离 2=30.9168
选择一条边或[环(L)/距离(D)]：

3. 选项说明

(1)"选择一条边"：选择建模的一条边，此选项为系统的默认选项。选择某一条边以后，边就变成虚线。
(2)"环(L)"：如果选择"环(L)"选项，对一个面上的所有边建立倒角。
(3)"距离(D)"：如果选择"距离(D)"选项，则输入倒角距离。
图 8.23 所示为长方体倒角的结果。

8.3.2 圆角边

三维造型绘制中的"圆角"命令与二维绘制中的"圆角"命令相同，但执行方法略有差别。

1. 执行方式

(1)工具栏：单击"实体编辑"工具栏中的"圆角边"按钮 。
(2)菜单栏：执行菜单栏"修改"→"三维编辑"→"圆角边"命令。

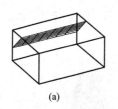 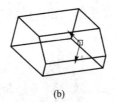 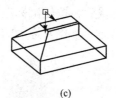

(a)   (b)   (c)

图 8.23　对长方体倒角

(a)选择倒角边 1；(b)选择边倒角结果；(c)选择环倒角结果

(3)功能区：单击"三维工具"选项卡"实体编辑"面板中的"圆角边"按钮 ![icon]。

(4)命令行：输入"FILLETEDGE"后按 Enter 键。

2. 操作步骤

命令：FILLETEDGE

半径=1.0000

选择边或[链(C)/环(L)/半径(R)]：

已选定 1 个边用于圆角。

按 Enter 键接受圆角或[半径(R)]：

3. 选项说明

选择"链(C)"选项，表示与此边相邻的边都被选中，并进行倒圆角的操作。图 8.24 显示了对长方体倒圆角的结果。

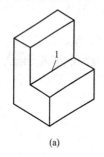 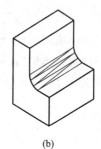 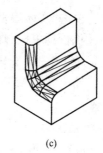

(a)   (b)   (c)

图 8.24　对模型棱边倒圆角

(a)选择倒圆角边 1；(b)边倒圆角结果；(c)链倒圆角结果

8.3.3　三维阵列

1. 执行方式

(1)工具栏：单击"建模"工具栏中的"三维阵列"按钮 ![icon]。

(2)菜单栏：执行菜单栏"修改"→"三维操作"→"三维阵列"命令。

(3)命令行：输入"3 DARRAY"后按 Enter 键。

2. 操作步骤

命令：3 DARRAY

选择对象：选择要阵列的对象

选择对象：选择下一个对象或按 Enter 键

输入阵列类型[巨型(R)/环形(P)]<矩形>：

3. 选项说明

(1)"矩形(R)"。对图形进行矩形阵列复制，是系统的默认选项。

(2)"环形(P)"。对图形进行环形阵列复制。

图 8.25 所示为 3 层 3 行 3 列间距分别为 300 的圆柱的矩形阵列。图 8.26 所示为圆柱的环形阵列。

图 8.25　三维图形的矩形阵列　　　　图 8.26　三维图形的环形阵列

8.3.4　三维镜像

1. 执行方式

(1)菜单栏：执行菜单栏"修改"→"三维操作"→"三维镜像"命令。

(2)命令行：输入"MIRROR3 D"。

2. 操作步骤

命令：MIRROR3 D

选择对象：(选择要镜像的对象)

选择对象：(选择下一个对象或按 Enter 键)

指定镜像平面(三点)的第一个点或[对象(O)/最近的(L)/Z 轴(Z)/视图(V)/XY 平面(XY)/平面/平面/三点]<三点>：

在镜像平面上指定第一点：

3. 选项说明

(1)"指定镜像平面(三点)的第一个点"：输入镜像平面上点的坐标。该选项通过 3 个点确定镜像平面，是系统的默认选项。

(2)"最近的(L)"：相对于最后定义的镜像平面对选定的对象进行镜像处理。

(3)"Z 轴(Z)"：利用指定的平面作为镜像平面。

(4)"视图(V)"：指定一个平行于当前视图的平面作为镜像平面。

(5)"XY(YZ、ZX)平面"：指定一个平行于当前坐标系的 $XY(YZ、ZX)$ 平面作为镜像平面。

8.3.5　对齐对象

1. 执行方式

(1)菜单栏：执行菜单栏"修改"→"三维操作"→"对齐"命令。

(2)命令行：输入"ALIGN"。

2. 操作步骤

命令：ALIGN

选择对象：

选择对象：

指定一对、两对或三对点，将选定对象对齐

指定第一个源点：(选择点1)

指定第二个目标点：(选择点2)

指定第二个源点：

对齐结果如图 8.27 所示，两对点和三对点的
情形类似。

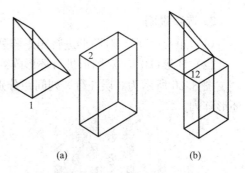

图 8.27　一点对齐图

(a)对齐前；(b)对齐后

【例 8.2】　本节以创建建筑物墙体造型为例进
行介绍。

【绘制步骤】

(1)设置当前图层为"建筑—三维—墙体"。

(2)单击绘图区左上角"视图控件"按钮，选择"俯视" [一][俯视][二维线框]，从弹出的菜
单中选择"东南等轴测"视图。

(3)单击"建模"工具栏上的"多段体"按钮 ，进行墙体创建，命令区提示及操作如下：

命令：_ Polysolid 高度=80，宽度=5，对正=居中

指定起点或[对象(O)/高度(H)/宽度(W)/对正(J)]<对象>：W

(输入 W 修改宽度)

指定宽度<5>：240

高度=80，宽度=240，对正=居中

指定起点或[对象(O)/高度(H)/宽度(W)/对正(J)]<对象>：H　　　(输入 H 修改高度)

指定高度<80>：19 500　　　　　　　　　　(结合前面绘制的立面图可知)

高度=19 500，宽度 o =240，对正=居中

指定起点或[对象(O)/高度(H)/宽度(W)/对正(J)]<对象>：J

输入对正方式[左对正(L)/居中(C)/右对正(R)]<居中>：C

高度=19 500，宽度=240，对正=居中

指定起点或[对象(O)/高度(H)/宽度(W)/对正(J)]<对象>：

(点取外墙左下角轴线的交点)

指定下一个点或[圆弧(A)/放弃(U)]：

(沿外墙依次捕捉外墙角轴线的交点，最后输入"C"进行封闭)

绘制结果如图 8.28 所示，完成墙体的绘制。

(4)单击绘图区左上角"视图控件"按钮，选择"东南等轴测"选项，从弹出的菜单中选择
"俯视"视图 [一][俯视][二维线框]。

(5)单击"建模"工具栏中的"长方体"按钮 ，在图 8.29 中门窗洞口位置捕捉洞口的左
下角的交点依次建立三个长方体，长度、宽度和高度分别为 1 800×500×1 800、1 500×
500×2 600、2 400×500×2 600。

(6)执行"移动(M)"命令，将三个长方体向下移动 130，结果如图 8.30 所示。

(7)执行"镜像(MI)"命令，将三个长方体以单元中线为镜像轴进行镜像，结果如
图 8.31 所示。

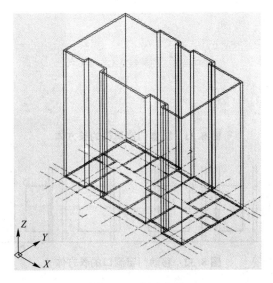

图 8.28　创建墙体

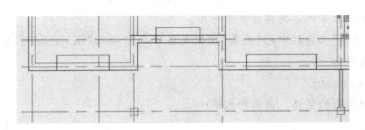

图 8.29　创建门窗洞口的长方体

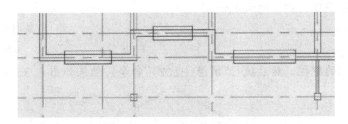

图 8.30　移动门窗洞口的长方体

（8）单击绘图区左上角"视图控件"按钮，选择"俯视"选项[-][俯视][二维线框]，从弹出的菜单中选择"前视"视图。

（9）执行"移动（M）"命令，将中间的四个长方体向上移动 600，将两边的两个长方体向上移动 1 400，结果如图 8.32 所示。

（10）单击绘图区左上角"视图控件"按钮，选择"前视"选项，从弹出的菜单中选择"俯视"视图[-][俯视][二维线框]。

（11）执行菜单栏"修改"→"三维操作"→"三维阵列"命令，将六个长方体进行三维阵列。设定参数为：行数 1、列数 1、层数 6、层间距 3 000。

（12）按照上述方法在右侧山墙创建长度、宽度和高度分别为 500×900×1 800 的长方体，然后向上移动 1 400，最后将长方体三维阵列 6 层。

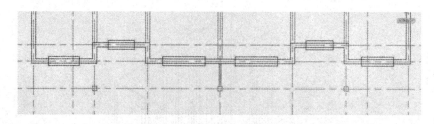

图 8.31 镜像门窗洞口的长方体

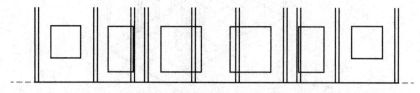

图 8.32 移动门窗洞口的长方体

(13) 单击 "建模" 工具栏中的 "并集" 按钮或在命令行输入 "UNI", 执行 "并集" 命令, 然后选择所有创建的长方体, 使其合并为一体。

(14) 单击 "建模" 工具栏中的 "差集" 按钮或在命令行输入 "SU", 即可执行 "差集" 命令。命令行提示及操作如下:

命令: _ subtract

选择要从中减去的实体、曲面和面域…

选择对象:　　　　　　　　　　　　　　　　　(选择创建的墙体)

选择对象:　　　　　　　　　　　　　　　　(按 Enter 键结束选择)

选择要减去的实体、曲面和面域…

选择对象:　　　　　　　　　　　　　　　　(选择被合并的长方体)

选择对象:　　　　　　　　　　　　　　　　　(按 Enter 键结束)

完成墙体门洞的抠挖, 然后执行 "消隐 (HIDE)" 命令, 结果如图 8.33 所示。

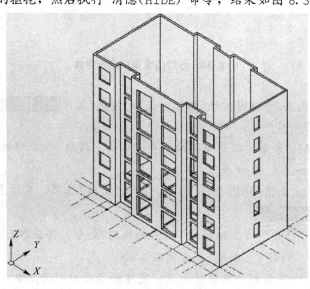

图 8.33 抠挖门窗洞口

【实训 1】 绘制三脚架。

三脚架是最常见的建筑器材,其形状如图 8.34 所示,本练习要求使用者进一步熟悉三维绘图的技能。

实训要求:

(1)绘制两个不等圆柱体。

(2)绘制一个斜体圆柱。

(3)在斜体圆柱下方绘制长方体。

(4)阵列斜体圆柱与下方的长方体。

(5)绘制三脚支架下两个不等圆柱体。

【实训 2】 绘制小凉亭。

绘制如图 8.35 所示的小凉亭,本练习要求使用者掌握各种三维表面的绘制方法,提出构建三维图形的技巧。

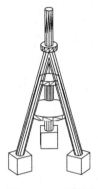

图 8.34 三脚架 　　　　　　图 8.35 小凉亭

实训要求:

(1)执行"三维视点"命令设置绘图环境。

(2)执行"平移曲面"命令绘制凉亭的底座、支柱。

(3)执行"阵列"命令得到其他的支柱。

(4)执行"多段线"命令绘制凉亭顶盖的轮廓线。

(5)执行"旋转"命令绘制凉亭顶盖。

本章小结

对建筑透视图而言,不同的角度和视点观察的效果完全不同。为了以合适的角度观察透视图,需要设置观察的视点。使用视图控制器功能可以方便地转换方向视图。视口是用于绘制图形、显示图形的区域。复杂的三维实体都是由最基本的实体单元(如长方体、圆柱体等)通过各种方式组合而成的。三维实体编制主要是对三维物体进行编辑，主要内容包括倒角边、圆角边、三维阵列、三维镜像、对齐对象等。建筑三维模型制作能够更真实的表达图形的外观和纹理。本章主要介绍建筑透视原理、三维透视图的创建、三维建模操作。

思考与练习

1. 视觉样式的切换主要有哪几种方法？
2. 创建多段体的执行方式有哪些？创建长方体的执行方式有哪些？
3. 简述创建圆环体的具体操作步骤。
4. 什么是放样？其执行方式有哪些？
5. 什么是拖曳？什么是扫掠？
6. 简述三维阵列的操作步骤。

参 考 文 献

[1] 中华人民共和国住房和城乡建设部.GB/T 50001—2017 房屋建筑制图统一标准[S]. 北京：中国计划出版社，2018.

[2] 杜瑞锋，齐玉清，韩淑芳.建筑CAD[M]. 北京：北京理工大学出版社，2015.

[3] 巩宁平，陕晋军，邓美荣.建筑CAD[M].5 版.北京：机械工业出版社，2019.

[4] CAD/CAM/CAE 技术联盟.AutoCAD 2020 中文版从入门到精通[M]. 北京：清华大学出版社，2020.

[5] 范幸义.建筑工程CAD制图教程[M]. 重庆：重庆大学出版社，2008.

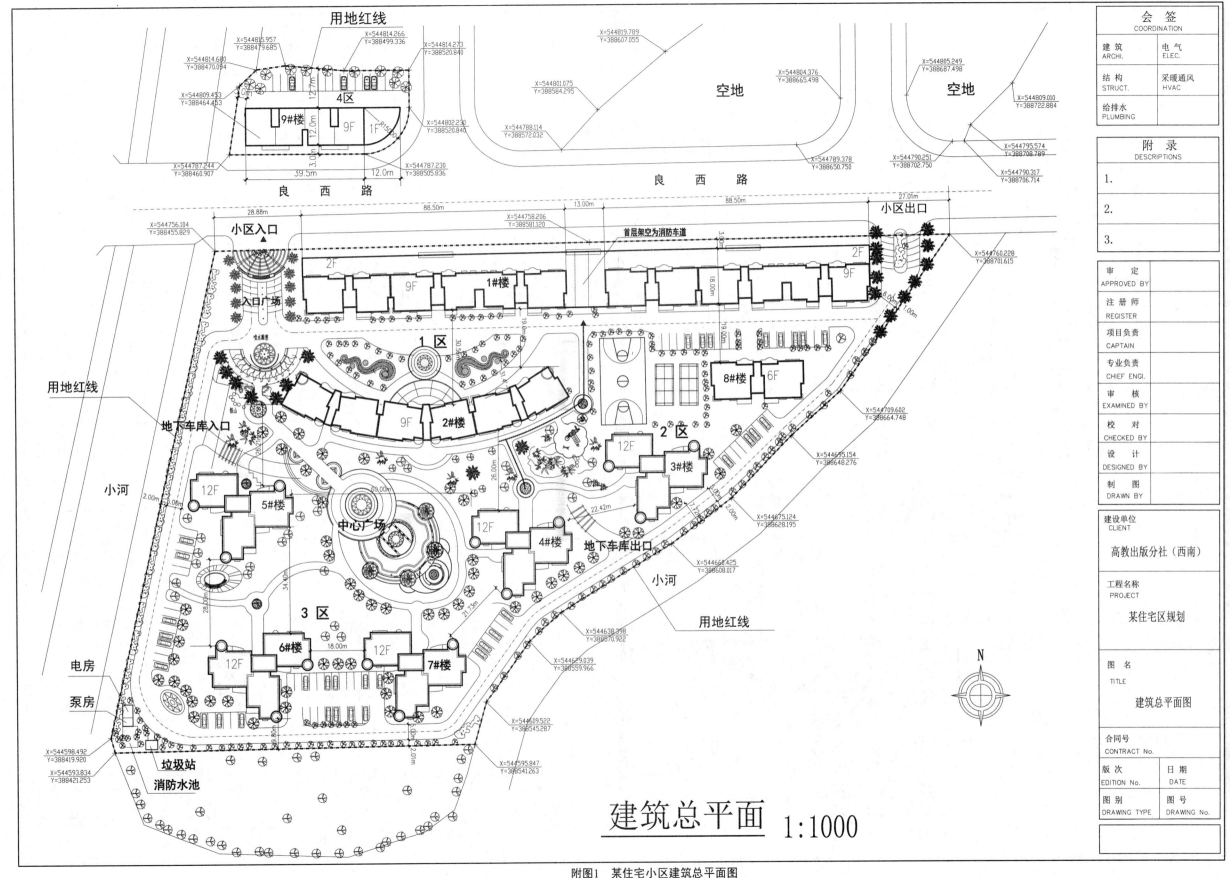

附图1 某住宅小区建筑总平面图

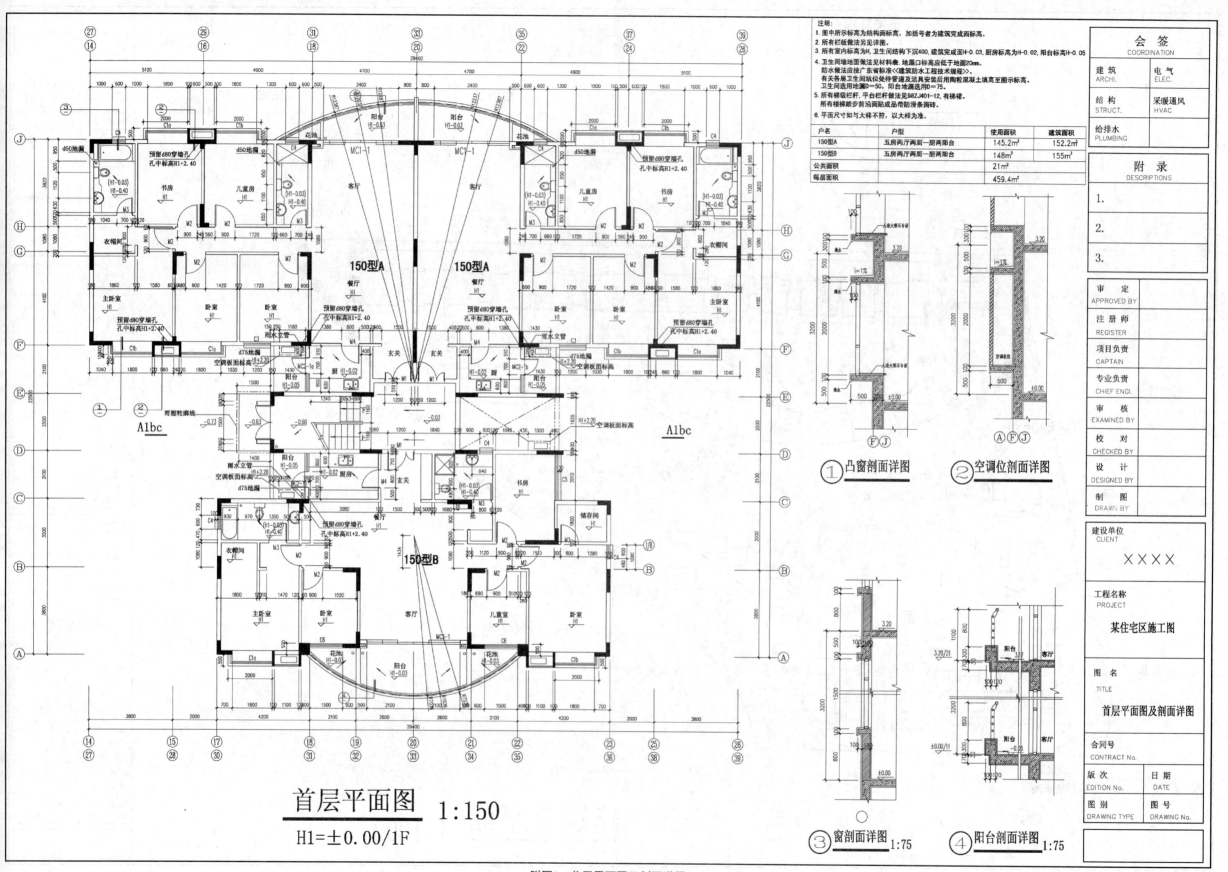

注明:
1. 图中所示标高为结构面标高, 如括号者为建筑完成面标高。
2. 所有栏板做法另见详图。
3. 所有室内标高为H, 卫生间结构下沉400, 建筑完成面H-0.03, 厨房标高为H-0.02, 阳台标高H-0.05
4. 卫生间墙面地面做法见材料表。地漏口标高应低于地面20mm。
   防水做法按广东省标准《建筑防水工程技术规程》。
   有关各层卫生间坑位处待管道及洁具安装后用陶粒混凝土填高至图示标高。
   卫生间选用地漏d=50, 阳台地漏选用d=75。
5. 所有梯级栏杆, 平台栏杆做法见982.J401-12, 有梯裙。
   所有楼梯踏步前沿两面贴成品带防滑条面砖。
6. 平面尺寸如与大样不符, 以大样为准。

户名	户型	使用面积	建筑面积
150型A	五房两厅两厕一厨两阳台	145.2m²	152.2m²
150型B	五房两厅两厕一厨两阳台	148m²	155m²
公共面积		21m²	
每层面积		459.4m²	

会 签
COORDINATION

建筑 ARCHI.	电气 ELEC.
结构 STRUCT.	采暖通风 HVAC
给排水 PLUMBING	

附 录
DESCRIPTIONS

1.

2.

3.

审 定 APPROVED BY

注 册 师 REGISTER

项目负责 CAPTAIN

专业负责 CHIEF ENGI.

审 核 EXAMINED BY

校 对 CHECKED BY

设 计 DESIGNED BY

制 图 DRAWN BY

建设单位 CLIENT

××××

工程名称 PROJECT

某住宅区施工图

图 名 TITLE

首层平面图及剖面详图

合同号 CONTRACT No.

| 版次 EDITION No. | 日期 DATE |
| 图别 DRAWING TYPE | 图号 DRAWING No. |

① 凸窗剖面详图 ② 空调位剖面详图

③ 窗剖面详图 1:75 ④ 阳台剖面详图 1:75

首层平面图 1:150
H1=±0.00/1F

150型A 150型A

150型B

附图2 首层平面图及剖面详图

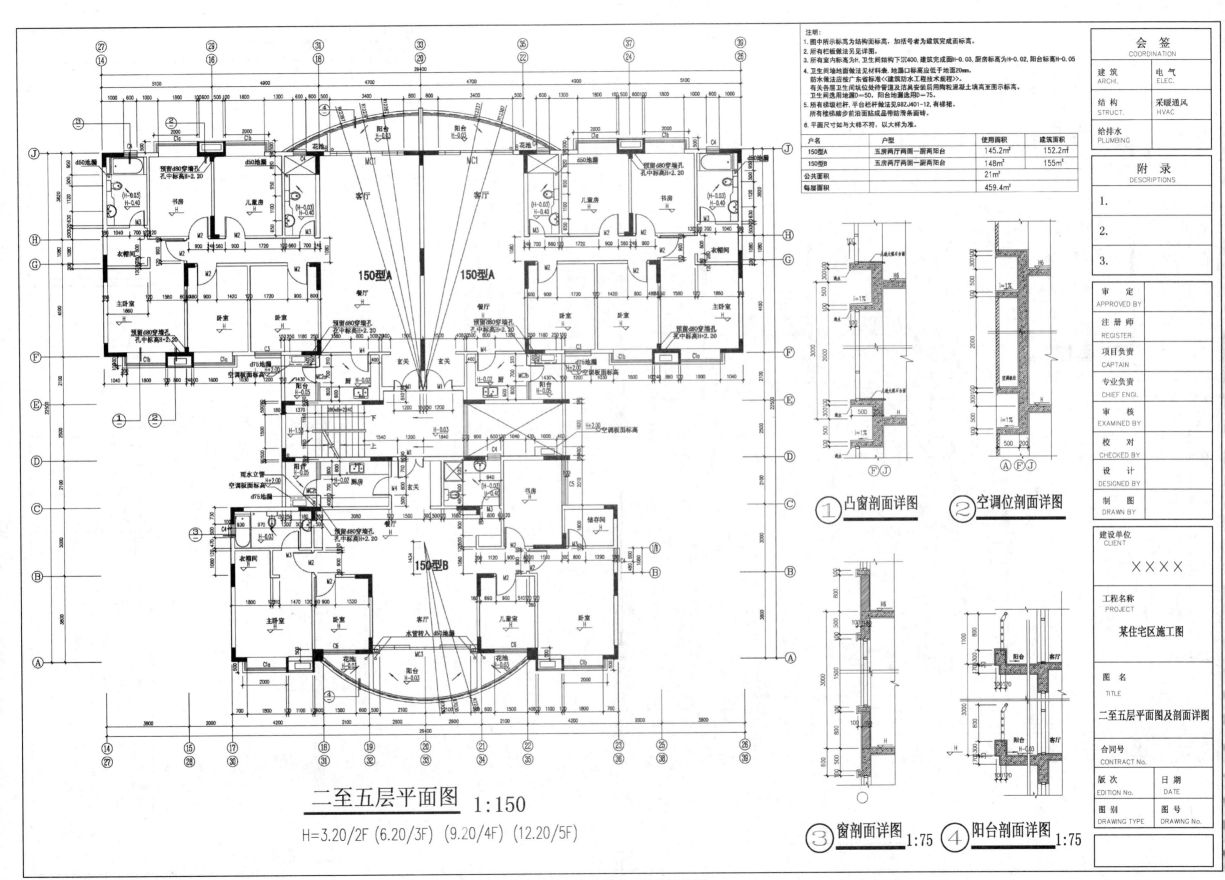

注明：
1. 图中所示标高为结构面标高,加括号者为建筑完成面标高。
2. 所有栏板做法另见详图。
3. 所有室内标高为H,卫生间结构下沉400,建筑完成面H-0.03,厨房标高为H-0.02,阳台标高H-0.05。
4. 卫生间墙地面做法见材料表。地漏口标高应低于地面20mm。
   防水做法应按照广东省标准《建筑防水工程技术规程》。
   有关各层卫生间坑位处待管道及洁具安装后用陶粒混凝土填高至图示标高。
   卫生间选用地漏D=50,阳台地漏选用D=75。
5. 所有楼梯栏杆,平台栏杆做法见98ZJ401-12,有梯裙。
   所有楼梯踏步前沿面贴成品带防滑条面砖。
6. 平面尺寸如与大样不符,以大样为准。

户名	户型	使用面积	建筑面积
150型A	五房两厅两卫一厨两阳台	145.2m²	152.2m²
150型B	五房两厅两卫一厨两阳台	148m²	155m²
公共面积		21m²	
每层面积		459.4m²	

会 签
COORDINATION

建筑 ARCHI.	电气 ELEC.
结构 STRUCT.	采暖通风 HVAC
给排水 PLUMBING	

附 录
DESCRIPTIONS

1.

2.

3.

审 定 APPROVED BY

注 册 师 REGISTER

项目负责 CAPTAIN

专业负责 CHIEF ENGI.

审 核 EXAMINED BY

校 对 CHECKED BY

设 计 DESIGNED BY

制 图 DRAWN BY

建设单位 CLIENT

××××

工程名称 PROJECT

某住宅区施工图

图 名 TITLE

二至五层平面图及剖面详图

合同号 CONTRACT No.

版次 EDITION No.	日期 DATE
图别 DRAWING TYPE	图号 DRAWING No.

① 凸窗剖面详图

② 空调位剖面详图

③ 窗剖面详图 1:75

④ 阳台剖面详图 1:75

二至五层平面图 1:150

H=3.20/2F (6.20/3F) (9.20/4F) (12.20/5F)

附图3 标准层平面图及剖面详图

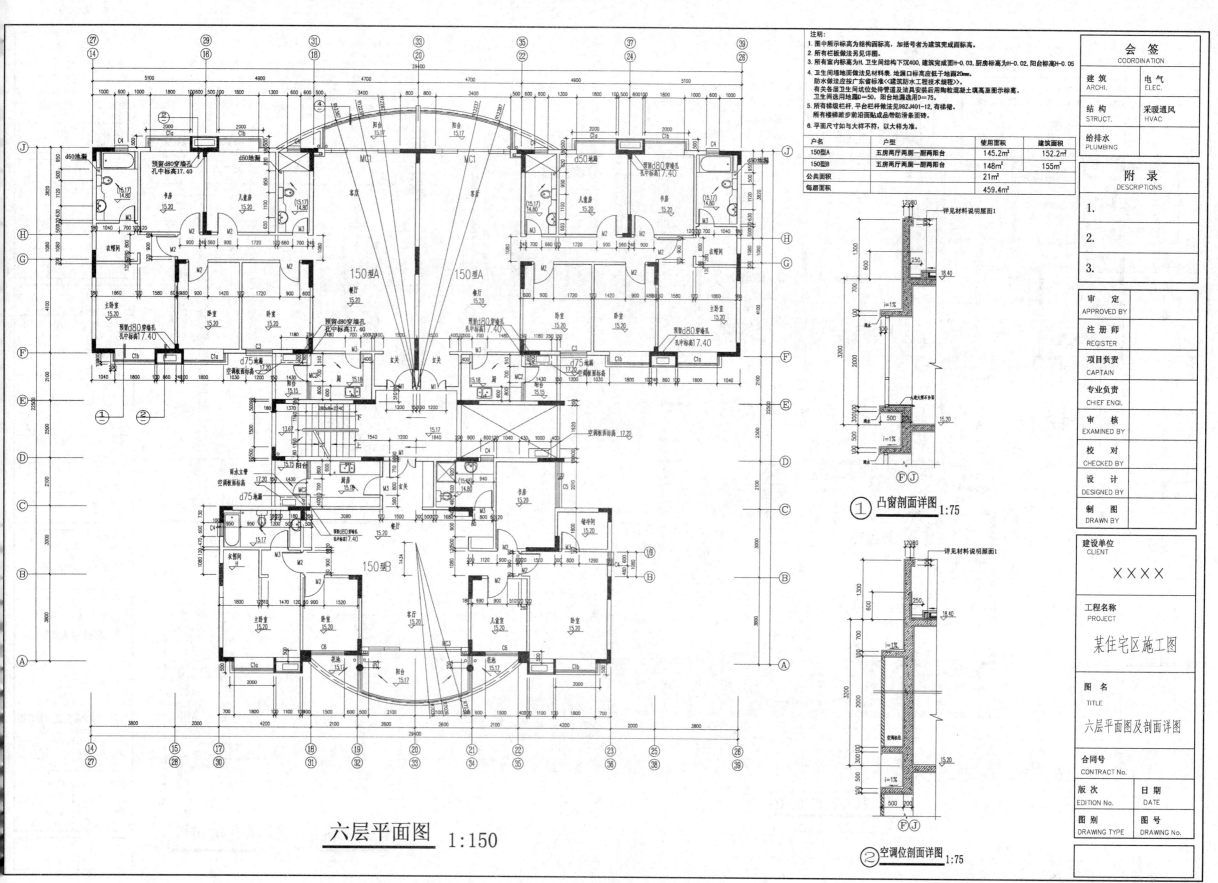

六层平面图 1:150

① 凸窗剖面详图 1:75

② 空调位剖面详图 1:75

附图4 六层平面图及剖面详图

北立面图 1：120

附图5 北立面图

会　签
COORDINATION

建 筑 ARCHI.	电 气 ELEC.
结 构 STRUCT.	采暖通风 HVAC
给排水 PLUMBING	

附　录
DESCRIPTIONS

1.

2.

3.

审　定
APPROVED BY

注 册 师
REGISTER

项目负责
CAPTAIN

专业负责
CHIEF ENGI.

审　核
EXAMINED BY

校　对
CHECKED BY

设　计
DESIGNED BY

制　图
DRAWN BY

建设单位
CLIENT

高教出版分社（西南）

工程名称
PROJECT

某住宅区施工图

图　名
TITLE

北立面图

合同号
CONTRACT No.

| 版 次 EDITION No. | 日 期 DATE |
| 图 别 DRAWING TYPE | 图 号 DRAWING No. |

型号 图例	A1型	A2型	A3型
□	a.白色面砖	a.白色面砖	a.白色面砖
▦	b.米色面砖	b.米色面砖	b.米色面砖
▦	c.灰色粗面面砖	c.灰色粗面面砖	c.灰色粗面面砖
阳台	d.蓝色外墙漆	d.明黄色外墙漆	d.菊色外墙漆
	e.白色外墙漆	e.白色外墙漆	e.白色外墙漆

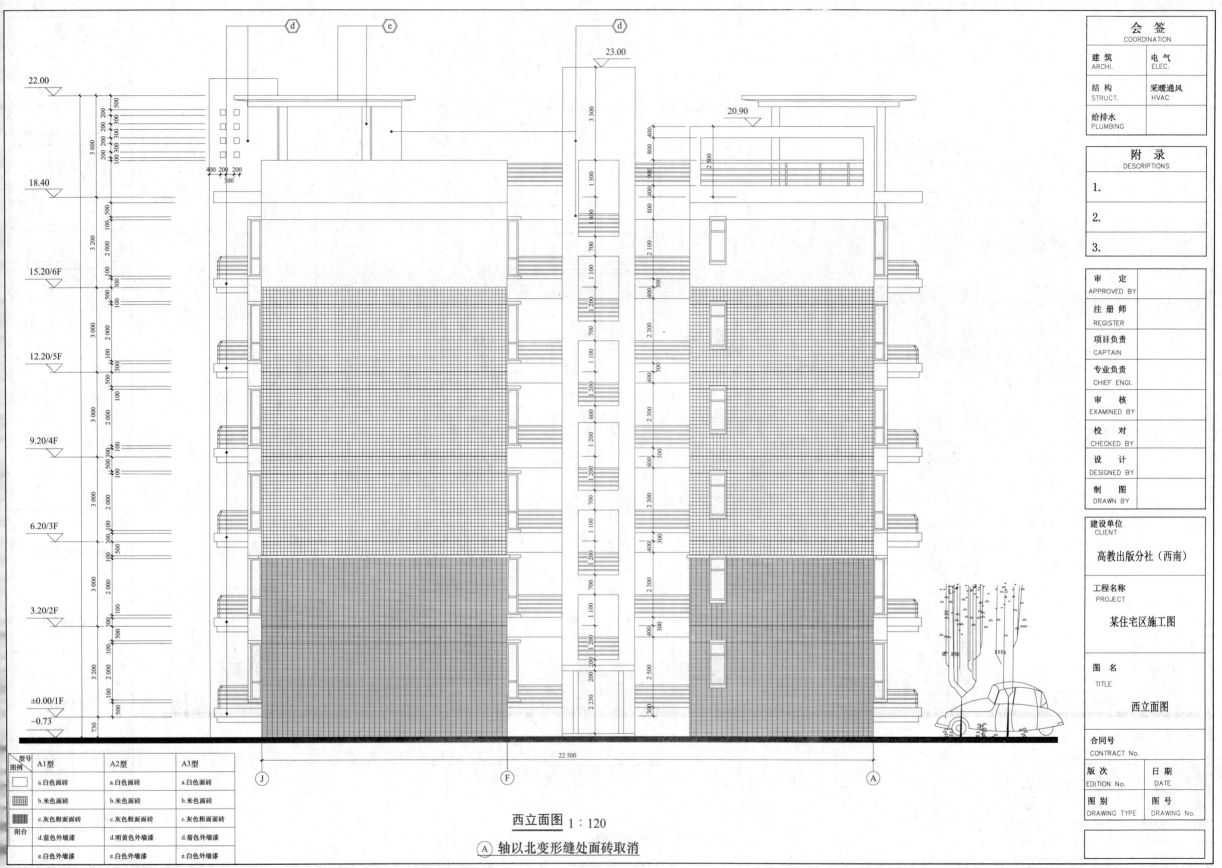

会 签
COORDINATION
建 筑 | 电 气
ARCHI. | ELEC.
结 构 | 采暖通风
STRUCT. | HVAC
给排水
PLUMBING

附 录
DESCRIPTIONS
1.
2.
3.

审 定
APPROVED BY
注 册 师
REGISTER
项目负责
CAPTAIN
专业负责
CHIEF ENGI.
审 核
EXAMINED BY
校 对
CHECKED BY
设 计
DESIGNED BY
制 图
DRAWN BY

建设单位
CLIENT
高教出版分社（西南）
工程名称
PROJECT
某住宅区施工图

图 名
TITLE
西立面图

合同号
CONTRACT No.

版 次 | 日 期
EDITION No. | DATE
图 别 | 图 号
DRAWING TYPE | DRAWING No.

型号 图例	A1型	A2型	A3型
□	a.白色面砖	a.白色面砖	a.白色面砖
▦	b.米色面砖	b.米色面砖	b.米色面砖
▦	c.灰色粗面面砖	c.灰色粗面面砖	c.灰色粗面面砖
阳台	d.蓝色外墙漆	d.明黄色外墙漆	d.菊色外墙漆
	e.白色外墙漆	e.白色外墙漆	e.白色外墙漆

西立面图 1：120

Ⓐ 轴以北变形缝处面砖取消

附图6 西立面图

A1bc-A1bc剖面图 1:120

附图7 A1bc~A1bc剖面图

门窗表

编号	洞口尺寸 (宽×高 MM)	数量 1~6层 (个数×层数×栋数)	小计	备注
C1a	1 900×2 000	5×6×3	90	铝合金推拉窗
C1b	1 900×2 000	5×6×3	90	铝合金推拉窗
C3	1 200×1 500	2×6×3	36	铝合金推拉窗
C4	600×1 500	6×6×3	108	铝合金平开窗
C5	2 010×1 500	1×6×3	18	铝合金平开窗
C6	1 500×1 500	2×6×3	36	铝合金平开窗
MC1-1	3 400×2 600	2×1×3	6	铝合金推拉门
MC1	3 200×2 400	2×5×3	30	铝合金推拉门
MC2a-1	1 500×2 600	1×1×3	3	铝合金平开门带窗
MC2b-1	1 500×2 600	2×1×3	6	铝合金平开门带窗
MC2a	1 500×2 400	1×5×3	15	铝合金平开门带窗
MC2b	1 500×2 400	2×5×3	30	铝合金平开门带窗
MC3	4 200×2 400	2×5×3	30	铝合金推拉门
MC3-1	4 200×2 600	2×1×3	6	铝合金推拉门
M1	1 200×2 200	4×6×3	75	夹板门

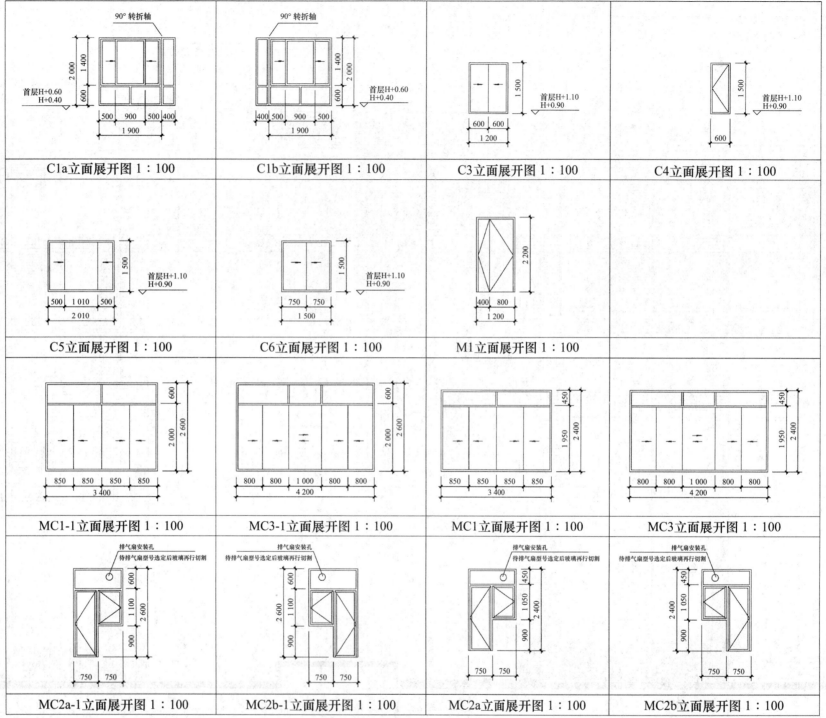

C1a立面展开图 1:100　C1b立面展开图 1:100　C3立面展开图 1:100　C4立面展开图 1:100

C5立面展开图 1:100　C6立面展开图 1:100　M1立面展开图 1:100

MC1-1立面展开图 1:100　MC3-1立面展开图 1:100　MC1立面展开图 1:100　MC3立面展开图 1:100

MC2a-1立面展开图 1:100　MC2b-1立面展开图 1:100　MC2a立面展开图 1:100　MC2b立面展开图 1:100

说明：1.所有铝合金门窗的设计与施工应遵照《铝合金门窗工程设计、施工及验收规范》DBJ15-30-2002，《建筑玻璃应用技术规程》JGJ113-97，表5.1.2-1.及《建筑工程质量检验评定标准》GBJ301-88等有关规定执行。
2.所有有框架玻璃门窗，框架采用表面墨绿色粉末静电喷涂铝合金型材，门型材壁厚，不得小于2.0mm，窗型材壁厚不得小于1.4 mm，所有铝合金窗型材均选用50系列，所有铝合金门型材均选用70系列，玻璃颜色选浅绿色透明玻璃，玻璃厚度根据《建筑玻璃应用技术规程》98ZJ681-30有关规定选定。玻璃厚度应根据抗风压和人体冲击安全规定而定所有门玻璃采用安全玻璃，建议选用4mm钢化玻璃，所有窗玻璃选用6mm普通退火玻璃，施工单位还应根据国家有关规范、行业标准等规定进一步确定玻璃类型及厚度。以要求严者为准。

3.所有立面图中，窗扇分格仅为示意，具体以门窗立面详图为准。立面未标注窗位之窗，窗顶平梁底有关技术要求：断面构造、用料材质、规格等由专业厂家负责及提供加工图纸，并配齐五金零件，经设计单位及使用单位认可后方能制作加工。
4.所有夹板门做法参照98ZJ681-30。
5.门窗安装前预埋在墙或柱内的木、铁构件，应做防腐、防锈处理。
6.所有400mm高的低窗台应设900高的安全护栏。
7.所有门窗洞口尺寸为毛面尺寸，须现场核实后方可施工。

会　签 COORDINATION

建筑 ARCHI.	电气 ELEC.
结构 STRUCT.	采暖通风 HVAC
给排水 PLUMBING	

附　录 DESCRIPTIONS
1.
2.
3.

审　定 APPROVED BY
注　册师 REGISTER
项目负责 CAPTAIN
专业负责 CHIEF ENGI.
审　核 EXAMINED BY
校　对 CHECKED BY
设　计 DESIGNED BY
制　图 DRAWN BY

建设单位 CLIENT
××××

工程名称 PROJECT
某住宅区施工图

图　名 TITLE
门窗表

合同号 CONTRACT No.
版次 EDITION No.　日期 DATE
图别 DRAWING TYPE　图号 DRAWING No.